室内设计与装修工程研究

蒙少青　牛宇佳　秦念杭◎著

吉林出版集团股份有限公司
全国百佳图书出版单位

图书在版编目（CIP）数据

室内设计与装修工程研究 / 蒙少青，牛宇佳，秦念
杭著. -- 长春：吉林出版集团股份有限公司，2023.6
　ISBN　978-7-5731-3505-6

　Ⅰ.①室… Ⅱ.①蒙… ②牛… ③秦… Ⅲ.①室内装
饰设计—研究②室内装修—研究 Ⅳ.①TU238.2
②TU767.7

　中国国家版本馆CIP数据核字(2023)第106550号

室内设计与装修工程研究

SHINEI SHEJI YU ZHUANGXIU GONGCHENG YANJIU

著　　者　蒙少青　牛宇佳　秦念杭
出 版 人　吴　强
责任编辑　蔡宏浩
开　　本　787 mm × 1092 mm　1/16
印　　张　10
字　　数　150千字
版　　次　2023年6月第1版
印　　次　2023年6月第1次印刷

出　　版　吉林出版集团股份有限公司
发　　行　吉林音像出版社有限责任公司
　　　　　（吉林省长春市南关区福祉大路5788号）

电　　话　0431-81629679
印　　刷　吉林省信诚印刷有限公司

ISBN 978-7-5731-3505-6　　定　价　50.00元

前 言 preface

随着社会经济的不断发展，室内设计也在发生变化。无论是设计理念、设计方法，还是装饰材料、施工工艺，都在不断地发展与更新。同时，室内设计市场也逐步走向规范化，对职业设计师的要求越来越高。

室内设计在中国有着悠久的历史。早在商代就已经出现了在室内张挂锦绣帷帐以装饰内壁的做法，这种以软装饰性材料作为室内空间设计元素的手法在当代也颇为流行。陕西凤翔春秋秦都雍城遗址出土的青铜构件"金缸"，将建筑的结构功能和室内的装饰意义完美地结合起来，对当代室内设计颇具启发。若是以当代设计理论的观点和提法来看，它还蕴含着一种"适度设计和有节制的设计"的思想。

室内装饰装修工程技术是建筑装饰行业重要的专业技术课程，是普通高等院校艺术类室内设计专业、环境艺术设计专业重要的学习内容及必修课程。本课程内容涉及知识面广、实践性强，因此，本书注重理论与实践相结合，使人们能掌握并灵活运用其中的知识，解决设计及施工中的实际问题，做到活学活用。

本书以实际操作为切入点，强调室内设计的理论和实践过程相结合，强调行业规范和标准，重视调研与分析，重视职业能力的培养。全书包括室内设计概论、室内设计基础、居住空间设计、公共空间设计、室内软装设计等。主要介绍室内装饰工程中常用材料的种类、应用及施工工艺，为方便学生对装饰材料和施工工序的认知与理解，书中配有大量的材料样图、实景图以及详细的施工步骤图。建筑装饰行业发展较快，新材料、新工艺推陈出新，因此在学习中要紧跟行业的技术发展，掌握最新的知识和技术。

目 录 contents

第一章 室内设计概述

第一节 室内设计的内涵

一、设计的界定

"设计"最早解释为为艺术品，或应用艺术的物件所做的最初绘画的草稿，它规范了一件作品的完成。设计是欲生产出物体的草图、纹样与概念；是图画、书籍、建筑物和机械等的平面安排和布局；是目的、意向和计划。其广义指一切造型活动的计划，狭义专指图案装饰。这些是早期的设计概念。设计的目的是为人所服务的，满足人的各方面的需要。可见，设计并不局限于对物象外形的美化，而是具有明确的功能目的，设计的过程正是把这种功能目的转化到具体对象上去。

据此，可以对其进行相关定义：设计是根据一定的步骤，按照预期的意向谋求新的形态与组织，并满足特定的功能要求的过程，是将一种计划、规划、设想通过视觉的形式传达出来的活动过程。人类通过劳动改造世界，创造文明，创造物质财富与精神财富，而最基础、最主要的创造活动是造物。设计便是造物活动所进行的预先计划，可以把任何造物活动的计划技术和计划过程理解为设计。

设计就是设想、运筹、计划与预算，它是人类为实现某种特定目的而进行的创造性活动。设计只不过是人在理智上具有的，在心里所想象的，建立于理论之上的那个概念的视觉表现和分类。设计不仅仅通过视觉的形式传达出来，还会通过听觉、嗅觉、触觉传达出来，营造一定的感官感受。设计与人类的生产活动密切相关，它是把各种先进技术成果转化为生产力的一种手段和方法。

设计是创造性劳动，设计的本质是创新，其目的是实现产品的功能，建立性能好、成本低、价值高的系统和结构，以满足人类社会不断增长的物质和文化需要。设计体现在人类生活的各个方面，包括人类的一切创造性行为活动，如产品设计、视觉传达设计、服装设计、建筑设计、室内设计等。设计是连接精神文明与物质文明的桥梁，人类寄希望于设计来改善人类自身的生存环境。

二、室内设计的概念和特点

（一）室内设计的界定

室内设计是人们按照建筑空间的使用性质，运用物质技术手段，创造出功能合理、舒适优美的室内环境，以满足人们的物质与精神需求，而进行的空间创造活动。室内设计所创造的空间环境既有使用价值，又能满足相应的功能要求，同时也反映了历史文脉、建筑风格、环境气氛等精神因素。"创造出满足人们物质和精神生活需求的室内环境"是室内设计的目的。现代室内设计是综合的室内环境设计，它包括视觉环境和工程技术方面的问题，也包括声、光、热等物理环境以及氛围、意境等心理环境和文化内涵等内容。

（二）室内设计的特点

室内设计是一门综合性学科，其所涉及的范围非常广泛，包括声学、力学、光学、美学、哲学和色彩学等知识。它也具有非常鲜明的特点。

1. 室内设计强调"以人为本"的设计宗旨

室内设计的主要目的就是创设舒适而又美观的室内环境，满足人们多元化的物质与精神需求，保障人们在室内的安全和身心健康，综合处理人与环境、人际交往等多项关系，科学地了解人们的生理、心理特点和视觉感受对室内环境设计的影响。

2. 室内设计是工程技术与艺术的结合

室内设计强调工程技术和艺术创造的相互渗透与结合，运用各种艺术和技术的手段，使设计达到最佳的空间效果，创造出令人愉悦的室内空间环境。科学技术不断进步，使人们的价值观和审美观发生了较大的改变，对室内设计的发展也起到了积极的推动作用。新材料、新工艺的不断涌现和更新，为室内设计提供了无穷的设计素材和灵感。运用这些物质、技术手段结合艺术的美学，创造出具有表现力和感染力的室内空间形象，使得室内设计愈发被大众认同和接受。

3. 室内设计是一门可持续发展的学科

室内设计的一个显著特点就是它对由于时间的推移而引起的室内功能的改变显得特别突出和敏感。当今社会生活节奏日益加快，室内的功能也趋于复杂和多变，装饰材料、室内设备的更新换代不断加快，室内设计的"无形折旧"更趋明显，人们对室内环境的审美也随着时间的推移而不断改变。这就要求室内设计师必须时刻站在时代的前沿，创造出具有时代特色和文化内涵的室内空间。

三、室内设计的基本要素

（一）空间要素

空间的合理化以及给人们以美的感受是设计基本的任务。设计师应该勇于探索时代、技术赋予空间的新形象，不要拘泥于过去形成的空间形象。

（二）色彩要求

室内色彩除了对视觉环境产生影响以外，还会直接影响人们的情绪。科学用色有利于工作，有助于健康。色彩处理得当既能满足功能要求，又能取得美的效果。室内色彩除了必须遵守一般的色彩规律外，还应随着时代审美观的变化而有所不同。

（三）光影要求

人类喜爱大自然的美景，常常把阳光直接引入室内，以消除室内的黑暗感和封闭感，特别是顶光和柔和的散射光，能使室内空间更为亲切自然。光影的变换，使室内更加丰富多彩，给人以多种感受。

（四）千变万化的要素

室内整体空间中不可缺少的建筑构件，如柱子、墙面等，结合功能需要加以装饰，可共同构成完美的室内环境。充分利用不同装饰材料的质地特征，可以获得千变万化和不同风格的室内艺术效果，同时还能体现地区的历史文化特征。

（五）陈设要素

室内家具、地毯、窗帘等，均为生活必需品，其造型往往具有陈设特征，大多都具有装饰作用。实用和装饰二者应互相协调，求得功能和形式统一而有变化，使室内空间舒适得体且富有个性。

（六）绿化要素

室内设计中的绿化已成为改善室内环境的重要手段。在室内移花栽木，利用绿化和小品沟通室内外环境、扩大室内空间感及美化空间，均可起到积极作用。

四、室内设计的基本原则

（一）功能性原则

室内设计的本质任务就是为使用者提供便于使用的室内空间和环境，通过技术处理保护结构，并对室内空间进行装饰。在室内设计中，功能与装饰需要进行有机结合，在保证使用功能的前提下，进行装饰和美化。以室内装饰构件为例，踢脚线是为了防止清洁地面及其他撞击对墙脚的损坏而设置的，墙面的壁纸及乳胶漆等饰面处理除了装饰效果的需要，更是为了保护墙面而设计的；不同性质的空间，要求根据使用的需要进行不同单元的划分。因此，室内设计中功能性原则居于首位。

1. 满足使用功能的要求

使用功能是具有物质使用意义的功能，通常具有客观性。使用者的使用功能不同，能够提供相应服务空间的使用功能也有所不同。使用功能是空间设计的前提，根据使用的特点和行为的特征进行组织和安排，能够使使用功能得到更合理的体现。特别是在厨房的设计中，洗菜、切菜、烹饪按照顺序进行安排相应的功能，如果距离较远或者距离过于紧凑都会影响正常使用功能的发挥。因此，在使用功能的设计中，动作流线的组织、使用功能的布置十分重要。

2. 满足基本功能的要求

基本功能是与对象的主要目的直接相关的功能，是对象存在的主要理由。居住空间中卧室、客厅分别满足的是对象睡眠和会客的作用；餐饮空间中就餐区和厨房担任的是就餐和烹饪的功能；商业空间则满足了使用者消费和休闲的需求等。

3. 满足辅助功能的要求

辅助功能是为了更好地实现基本功能而服务的功能，是对基本功能起辅助作用的功能，对心理需求和人体工程学的要求均属于辅助功能中的重要内容。在室内设计中，综合考虑心理需求与人体工程学的因素，会使室内空间更加合理。

（二）安全性原则

满足空间功能性的条件下，室内空间必须是安全的。这种安全性不仅体现在尺度和构件的合理设计中，室内环境也需要有安全可靠的保障。在幼儿园的设计中，栏杆之间的宽度要小于 0.11 米，目的就是为了保证行为不定的儿童的安全。由于近年来人们对环保和绿色理念的关注，室内装修施工过程中装饰材料的环保问题受到较大关注。装饰材料是否环保，以及设计时大量辐射材质的应用是否适宜，直接关系着室内环境是否适宜使用。特别是老年人和孩子，身体抵抗力较弱，对室内环境的敏感程度较高，室内空间的安全性成为人们关注的重点。

除了室内设计中使用的材料和结构构件的安全性以外，其他构成要素的安全性也十分重要。比如在室内设计中绿化的选择上，如果不加以甄别，很多不利于人们身体健康的绿植反而会使室内空间变得不安全。比如在室内种植夜来香，当夜间停止光合作用时，夜来香会排出大量有害气体，使居室内的人血压升高，心脏病患者感到胸闷，闻之过久会使高血压和心脏病患者病情加重。很多人对室内色彩也存在一定的感觉差异。有实验表明，以红色为基调的室内设计比以蓝色为基调的室内设计视觉温差达到 2 度，对于不同体质的人会有不同的影响。

（三）可行性原则

设计方案最终要通过施工才能得以实现，如果设计方案中出现大量无法实现的内容，设计就会脱离实际，成为一纸空谈。同时，设计技术的关键环节和重要节点，需要专业的施工人员对设计师的设计图纸表达的内容进行全面的理解，否则会出现设计与效果之间较大的偏差。设计的可行性包括设计要符合现实技术条件、国家的相关规范、设计施工技术水平和能力的标准，这样才能保证设计的完成。

（四）经济性原则

经济性是室内设计中十分重要的原则，针对同一个方案，十万元可以进行装修，一百万元同样也可以进行装修。采用什么样的标准来进行设计，不同的需要在设计中会有不同的价值体现，只有符合需要的适用性方案才能保证工程的顺利进行。在设计方案阶段遵循经济适用性原则，设计师能够根据使用者提供的经济标准，进行设计内容的组合，在保证艺术效果的同时，还能避免资金浪费，从而保证使用者需求的最优化实现。

第二节　室内设计的发展

一、国内室内设计的发展

在原始社会中，西安半坡村的方形、圆形居住空间，已经考虑根据使用需求把室内做出分隔，使入口和火炕的位置布置更加合理。方形居住空间近门的火炕安排有进风的浅槽，圆形居住空间入口处两侧也设置了起引导气流作用的短墙。

早在原始氏族社会的居室里，已经有人工做成的平整光洁的石灰质地面，新石器时代的居室遗址里面，还留有修饰精细、坚硬美观的红色烧土地面，即便是原始人穴居的洞窟里面，壁面上也已经绘有兽形与围猎的图形。也就是说，在人类建筑活动的初始阶段，人们就已经开始同时关注"使用和氛围""物质和精神"两方面的功能。

商朝的宫室，从出土遗址显示，建筑空间秩序井然，严谨规正，宫室当中装饰着朱彩木料、雕饰白石，柱下置有云雷纹的铜盘。到了秦时的阿房宫与西汉的未央宫，虽然宫室建筑已经荡然无存，但是从文献的记载，从出土的瓦当、器皿等实物的制作，以及从墓室石刻精美的窗棂、栏杆的装饰纹样来看，毋庸置疑，当时的室内装饰已经相当精细和华丽。

春秋时期的思想家老子在《道德经》中曾经提出："凿户牖以为室，当其无，有室之用。故有之以为利，无之以为用。"形象生动地论述了"有"与"无"、围护与空间的辩证关系，也提示了室内空间的围合、组织和利用是建筑室内设计的核心问题。同时，从老子朴素的辩证法思想来看，"有"与"无"，也是相互依存，不可分割的。

室内设计与建筑装饰紧密地联系在一起，自古以来建筑装饰纹样的运用，也正说明人们对生活环境、精神功能方面的需求。我国各类民居，如北京的四合院、四川的山地住宅、云南的"一颗印"、傣族的干阑式住宅以及上海的里弄建筑等，在体现地域文化的建筑形体和室内空间组织、在建筑装饰的设计与制作等许多方面，都有极为宝贵的可供我们借鉴的经验。

二、国外室内设计的发展

公元前古埃及贵族宅邸的遗址中，抹灰墙上绘有彩色竖直条纹，地上铺有草编织物，配有各类家具和生活用品。古埃及卡纳克的阿蒙神庙，庙前雕塑及庙内石柱的装饰纹样均极为精美，神庙大柱厅内硕大的石柱群和极为压抑的厅内空间，正符合古埃及神庙所需的森严神秘的室内氛围，是神庙的精神功能所需要的。

古希腊和罗马在建筑艺术和室内装饰方面已发展到很高的水平。古希腊雅典卫城帕提隆神庙的柱廊，起到了室内外空间过渡的作用，精心推敲的尺度、比例和石材性能的合理运用，形成了梁、柱、枋的构成体系和具有个性的各类柱式。古罗马庞贝城的遗址中，从贵族宅邸室内墙面的壁饰，铺地的大理石地面，以及家具、灯饰等加工制作的精细程度来看，当时的室内装饰已相当成熟。罗马万神庙室内高旷的、具有公众聚会特征的拱形空间，是当今公共建筑内中庭设置最早的原型。

欧洲中世纪和文艺复兴以来，哥特式、古典式、巴洛克和洛可可等风格的各类建筑及其室内设计均日臻完美，艺术风格更趋成熟，历代优美的装饰风格和手法，至今仍是我们创作时可以借鉴的源泉。

三、当前我国室内设计和建筑装饰应注意的问题

（一）环境整体和建筑功能意识薄弱

对所设计室内空间内外环境的特点，对所在建筑的使用功能、类型性格考虑不够，容易孤立地、封闭地对待室内设计。

（二）对大量性、生产性建筑的室内设计有所忽视

当前很多的设计者与施工人员，对旅游宾馆、大型商场、高级餐厅等的室内设计较为重视。相对地，对于涉及大多数人使用的大型建筑，如学校、幼儿园、诊所、社区生活服务设施等的室内设计缺乏重视和研究，对职工集体宿舍、大量性住宅以及各类生产性建筑的室内设计也有所忽视。

（三）对技术、经济、管理、法规等问题注意不够

现代室内设计与结构、构造、设备材料、施工工艺等技术因素结合非常紧密，科技的含量日益增高，设计者除了要具有必要的建筑艺术修养以外，还必须认真学习和了解现代建筑装修的技术与工艺等相关内容；同时，应当加强室内设计与建筑装饰当中有关法规的完善和执行，比如工程项目管理法、合同法、招投标法以及消防、卫生防疫、环保、工程监理、设计定额指标等各项有关法规和规定的实施。

（四）应当增强室内设计的创新精神

室内设计固然可以借鉴国内外传统与当今已经存在的设计成果，但是不应该简单地"抄袭"，或者不顾环境和建筑类型性格的"套用"，现代室内设计理应倡导结合时代精神的创新。

四、推动中国室内设计发展的内在动力

纵观中国五千年文明，人们伴随着刀耕火种、伴随着对生活的一步步探索，创造出了无数辉煌。从原始的穴居，到后来辉煌的宫殿，跨过三个历史高峰的中国传统木建筑已经成为中国建筑师心中自豪的烙印。室内设计在中国虽然还是一个较为年轻的行业，但是也伴随着中国人的木建筑走过了辉煌的五千年。中国古代的室内设计，发展历程是非常复杂且多变的，受到了很多因素的制约

和影响，如朝代的更替、儒学思想、人们的生活习惯、地域性以及社会生产力的发展等。

（一）朝代的更替

中国拥有两千多年的封建王朝史，经历了无数次江山易主和朝代更替，这极大地影响着当时室内设计的风格与特点。比如，在元朝时期，当时社会民间房间布局形式多模仿毡房的布局，而且当时的纺织也获得了很大的发展，为后来明清时期的发展高潮奠定了重要基础。但在宋朝有极大发展的瓷器，却在此时陷入了停滞减产的局面，发展受到了严重限制。

（二）儒学思想

中国古代的建筑不管是形制还是装饰，都具有十分严格和森严的等级制度，作为封建帝王思想统治工具的儒道思想，在其中起到了很大的作用，同时，儒家思想在装饰精神上也极大地影响着室内装饰的发展。

（三）人民生活习惯的影响

从席地而坐到高型家具的出现，对人们生活习惯的不断变化起到了很大的作用。从汉末开始出现的高型座椅，逐渐取代传统的座榻，并最终到宋代成为社会的主流，家具的变革必然会影响室内的装饰方法与形式。当然，这只是其中的一方面，人们的习惯往往在帝王意志的影响外左右着民间装饰的风格和做法。

（四）地域性

中国幅员宽广，因此，其古代建筑装饰、各地风格往往存在很大不同的重要因素。这给中国室内设计提供了很大的创作空间，而且在大部分为手工制作物品的古代，制作者的手艺也往往会面临失传的窘境，这也是有些手工艺品现朝不如前朝的一个重要原因，比如新石器时代的黑陶就是一个很好的例子。

（五）社会生产力的发展

由于生产工艺的不断提高，家具制作越来越复杂，形式越来越多样，功能也越来越齐全，使得室内设计的内容也随着社会生产力的发展而不断发生变化。至明清时期，木构建筑发展达到第三个高峰，社会生产工艺在纺织、瓷器方面达到顶峰，家具制作也越来越趋向精细和复杂，这也为此时期能留下大量精美的园林作品提供了物质保障。

五、现代室内设计的发展趋势

（一）回归自然化

随着环境保护意识的增长，人们向往自然，喝天然饮料，用天然材料，渴望住在天然绿色的环境中。

（二）整体艺术化

随着社会物质财富的丰富，人们要求从"物的堆积"中解放出来，要求室内各种物件之间存在统一整体之美。室内环境设计是整体艺术，应是空间、形体、色彩以及虚实关系的把握，功能组合关系的把握，意境创造的把握以及与周围环境的关系协调。许多成功的室内设计实例都是艺术上强调整体统一的作品。

（三）高度现代化

随着科学技术的发展，在室内设计中可以采用一切现代科技手段，达到最佳声、光、色、形的匹配效果，实现高速度、高效率、高功能，创造出理想的值得人们赞叹的空间环境。

（四）服务方便化

城市人口集中，为了高效方便，在国外十分重视发展现代服务设施。在英国采用高科技成果发展城乡自动服务设施，自动售货设备越来越多，交通系统中电脑问询、解答、向导系统的使用，自动售票检票、自动开启和关闭进出站口通道等设施，给人们带来很大的便捷，从而使室内设计更强调以"人"为主体，以让消费者满意和方便为主要目的。

（五）高技术高情感化

现在国际上工艺先进国家的室内设计正在向高技术、高情感方向发展，这两者相结合，既重视科技，又强调人情味。在艺术风格上追求频繁变化，新手法、新理论层出不穷，已经形成了不断探索创新的局面。

第三节 室内设计与建筑设计

一、建筑设计

（一）建筑设计的概述

建筑设计是指建筑物在建造之前，设计者按照建设任务，将施工过程和使用过程中所存在的或可能发生的问题，事先做好通盘的设想，拟定好解决方案，用图纸和文件表达出来。建筑设计是备料、施工组织工作和各工种在制作、建造工作中互相配合协作的共同依据，便于整个工程得以在预定的投资限额范围内，按照周密考虑的预定方案，统一步调，顺利进行，并使建成的建筑物充分满足使用者和社会所期望的各种要求。简单来说，建筑物要的是最后的使用功能，它有一定的要求，而建筑设计就是针对这些要求而创造出来的解决办法。解决的办法千变万化，而能够超乎原先设定的要求者，就是好的建筑设计。

（二）建筑设计的发展

在古代，建筑技术的社会分工比较单纯，建筑设计和建筑施工并没有很明确的界限，施工的组织者和指挥者往往也就是设计者。在欧洲，由于以石料作为建筑物的主要材料，这两种工作通常由石匠的首脑承担；在中国，由于建筑以木结构为主，这两种工作通常由木匠的首脑承担。他们根据建筑物的主人的要求，按照师徒相传的成规，加上自己一定的创造性，营造建筑并积累了建筑文化。

在近代，建筑设计和建筑施工分离开来，各自成为专门学科。这在西方是从文艺复兴时期开始萌芽的，到产业革命时期才逐渐成熟；在中国则是清代后期在外来的影响下逐步形成的。

随着社会的发展和科学技术的进步，建筑所包含的内容、所要解决的问题越来越复杂，涉及的相关学科越来越多，材料上、技术上的变化越来越迅速，单纯依靠师徒相传、经验积累的方式，已不能适应这种客观现实；加上建筑物往往要在很短时间内竣工使用，难以由匠师一身二任，客观上需要更为细致的社会分工，这就促使建筑设计逐渐形成专业，成为一门独立的分支学科。

（三）建筑设计的工作核心

建筑师在进行建筑设计时面临的矛盾主要包括：内容和形式之间的矛盾；需要和可能之间的矛盾；投资者、使用者、施工制作、城市规划等方面和设计之间，以及它们彼此之间由于对建筑物考虑角度不同而产生的矛盾，建筑物单体和群体之间、内部和外部之间的矛盾，各个技术工种之间在技术要求上的矛盾；建筑的适用、经济、坚固、美观这几个基本要素之间的矛盾；建筑物内部各种不同使用功能之间的矛盾；建筑物局部和整体、这一局部和那一局部之间的矛盾；等等。这些矛盾构成非常错综复杂的局面，而且每个工程中各种矛盾的构成又各有其特殊性。

所以说，建筑设计工作的核心，就是要寻找解决上述各种矛盾的最佳方案。通过长期的实践，建筑设计者创造、积累了一整套科学的方法和手段，可以用图纸、建筑模型或其他手段将设计意图准确地表达出来，这样才能充分暴露隐藏的矛盾，从而发现问题，同有关专业技术人员交换意见，使矛盾得到解决。此外，为了寻求最佳的设计方案，还需要提出多种方案进行比较。方案比较，是建筑设计中常用的方法。从整体到每一个细节，对待每一个问题，设计者一般都要设想好几个解决方案，进行一连串的反复推敲和比较。即便问题得到初步解决，也还要不断设想有无更好的解决方式，使设计方案臻于完善。

总而言之，建筑设计是一种需要有预见性的工作，要预见到拟建建筑物存在的和可能发生的各种问题。这种预见往往是随着设计过程的进展而逐步清晰和深化的。

为了使建筑设计顺利进行，少走弯路，少出差错，取得良好的成果，在众多矛盾和问题中，先考虑什么，后考虑什么，大体上要有个程序。根据长期实践得出的经验，设计工作的着重点常是从宏观到微观，从整体到局部，从大处到细节，从功能体型到具体构造，步步深入的。

为此，设计工作的全过程可分为几个工作阶段：搜集资料、初步方案、初步设计、技术设计施工图和详图等，循序进行，这就是基本的设计程序。它因工程的难易而有所增减。

设计者在动手设计之前，首先要了解并掌握各种有关的外部条件和客观情况：自然条件，包括地形、气候、地质、自然环境等；城市规划对建筑物的要求，包括用地范围的建筑红线、建筑物高度和密度的控制等，城市的人文环境，包括交通、供水、排水、供电、供燃气、通信等各种条件和情况；使用者对拟建建筑物的要求，特别是对建筑物所应具备的各项使用内容的要求；对工程经济估算依据和所能提供的资金、材料施工技术和装备等；以及可能影响工程的其他客观因素。这个阶段，通常被称为搜集资料阶段。

在搜集资料阶段，设计者也常协助建设者做一些应由咨询单位做的工作，诸如确定计划任务书，进行一些可行性研究，提出地形测量和工程勘察的要求，以及落实某些建设条件等。

二、室内设计与建筑的关系

（一）整体关系

室内设计是从建筑设计中的装饰部分演变而来的，是建筑设计的重要分支与延续，也是对建筑物内部环境的完善、细化以及补充；更是对空间环境的重新定义和再创造。室内设计是根据建筑空间的使用性质，运用物质技术手段，以满足人们的物质与精神需求为目的而进行的空间创造活动。

室内设计和建筑设计之间在很多方面都具有一定的异同点，它们既有相互的独立性，又有相互的关联性，甚至它们也能够进行一定程度的相互渗透。室内设计从属于建筑设计，扮演"装饰"的角色，还是独立于建筑设计，表演着内部空间的"独幕剧"。很明显，室内设计与建筑设计是有机统一、不可分割的；它们都遵循相同的美学原则，都是为了满足人们的生活需要，它们有着千丝万缕的联系。

（二）材料

材料是建筑和室内设计的主要物质基础，建筑的空间划分、形体、风格等，都是通过材料的运用体现的。对于室内设计和建筑设计来说，材料都是表达作品思想、效果重点，材料选用的好坏也会直接影响建筑的实际效果。材料是建筑与室内设计统一的关键因素，同时，很多建筑与室内设计的细节都是通过材料来表达的。建筑物采用不同色彩、不同质感的石灰石、缟玛瑙石、玻璃、地毯等，可以显出华贵的气派。

建筑与室内设计的材料同时也存在一些不同点。

第一，建筑材料必须满足建筑的基本热工及结构要求，而室内材料则没有这方面的强制规定（部分材料要满足一些基本性质，如一定强度、耐水性、抗火性、耐侵蚀等，以保证材料在一定条件下和一定时期内使用而不损坏）。建筑材料还要能在室外环境下保证其不被腐蚀、破坏等，正是这方面的要求，使得有些材料只适用于室内。建筑材料要承担起建筑结构的责任，必须能满足承载力及抗压、抗弯等要求。只要能达到设计效果，我们甚至可以将钢筋和砖块用于室内设计中，但我们却无法将木材代替钢筋用于墙体中。总体而言，建筑材料的选择没有室内材料来得随意和多样。

第二，建筑材料的选择要更多地与周边环境形成一定的联系，或相似统一或对比鲜明，而室内材料的选择则没有这方面的考虑。

三、室内设计与建筑设计的一体化措施

（一）室内设计师与建筑设计师共同参与建筑整体设计

现代社会分工正在朝着精细化的方向发展，设计师也是这样，他们通常都各自掌管着自己的领域，很少会考虑整体布局。为了实现室内设计与建筑设计的一体化，室内设计师应当提前参与建筑整体设计，应该能够把自己的想法表达出来，并且能够与建筑设计师共同探讨。在这样的情况下确定建筑空间与室内空间，如此可以使得整体设计风格更加协调一致，空间布局更为合理。建筑设计是室内设计依托的框架，在一定程度上会限制室内设计。只有将室内设计与建筑设计实现一定的融合才能减轻这种限制。为实现这一目标，室内设计师与建筑设计师进行沟通和探讨是十分有必要的，所以，设计师应该可以能给及时调整设计方案，实现整体设计的有机融合。

（二）室内设计与建筑设计风格趋同

室内设计与建筑设计在风格的呈现上趋向于色彩、色调、空间布局，以及

文化内涵等多个角度，体会房屋建筑当中所具有的美学理念。所以，为了满足人们的视觉以及情感方面的艺术追求，设计者应该侧重于建筑设计理念以及建筑构造的深入探究。而且，需要以此为依据切实开展室内设计，实现与房屋建筑一体化的设计目标。同时，设计者还应该加强文化内涵的摄入，比如，可以与当地的文化标准有机结合，以及住户的实际需求，合理选择欧式、复古式以及沙滩海域等风格的室内建筑设计。同时，设计者在室内设计的时候也应该明确建筑使用功能，比如，若是用于幼儿园开展办学，在墙体颜色的选择上就应该多以鲜亮颜色为主，并绘制一定的童话作品。

（三）提高室内设计人员的整体素质

室内设计的风格和品位会严重影响房屋建筑的使用周期与使用寿命。伴随人们日益加大的对房屋建筑品质的需求，设计人员怎样提高自己的专业素质能力，是如今受到广泛关注的一个话题。教育部门在培养室内设计人员的时候，要更加重视丰富课程教学的实际内容，及时调整教学策略。在培训中，设计人员应当掌握的知识内容，不但要包含室内设计的专业课程，也应该包括建筑结构设计等相关课程，确保设计人员具有更为全面而且更加系统化的专业技能。与此同时，相关企业也应当侧重室内设计师的重点培训，完善相应的监管机制，推动设计师提升专业设计技能以及职业素养。

（四）室内设计风格与建筑设计风格要合二为一

室内设计与建筑设计之间的和谐统一还应该着重体现在设计风格之上，包括建筑物的视觉效果、文化内涵以及是否能够满足使用者的需求等。首先，视觉效果是人们对建筑物的感知，所以在室内设计阶段应该考虑到建筑物的整体外观风格，要融合内外的设计风格；其次，文化融合也是室内设计与建筑设计统一的重要表现，所以建筑物要按照当地的人文特征和风俗习惯进行设计，室内设计也是这样，要结合当地的风土人情，选择适合的材料、图案、色彩来进行表现；最后，建筑风格要满足使用者的心理预期，室内与室外要做好衔接，包括色彩、图案、材料的衔接，进而实现建筑设计及室内设计的一体化。

第四节 室内设计的理论基础

一、功能概念

功能指的是事物或方法所发挥出来的有利作用，是对象得以满足某种需求的一种属性，只要是可以满足使用者需求的任何一种属性，都属于功能的范畴，不管是现实需求还是潜在需求的属性，也都属于功能的范畴。功能作为满足需求的属性具有客观物质性与主观精神性两个方面，被称为功能的二重性。

设计的目的被解读主要是为了满足人们的需求，所以，设计的目的也能够被理解为达到某种功能的实现。功能伴随着人类社会的发展，与人们的生活息息相关。

室内设计属于设计的范畴，室内设计的目的是达到人们基于室内的各种功能需求，包括居住、学习、工作、娱乐等，室内设计主要是围绕人们在室内中的各种功能需求而进行的，失去了功能，设计就会变得没有任何意义了。

但是如果功能一样，载体也能够被替代。这就是功能与其载体在概念上本质的区分。但是，一种功能的实现必然会需要一定的载体，所以功能与其载体又必须进行结合。比如，写字的需求能够通过使用钢笔、铅笔、毛笔、粉笔等来实现，如果没有笔或其他工具，就不可能完成写字的需求。

二、分形理论的发展进程

（一）分形理论的概念

分形理论的最基本特点是用分数维度的视角和数学方法描述和研究客观事物，也就是用分形分维的数学工具来描述和研究客观事物。分形理论的数学基础是分形几何学，即由分形几何衍生出分形信息、分形设计、分形艺术等应用。在分形理论出现后，就跳出了一维的线、二维的面、三维的立体乃至四维时空的传统藩篱，更加趋近复杂系统的真实属性与状态的描述，更加符合客观事物的多样性与复杂性。

（二）分形理论的形成

分形理论的形成表明了数学研究对象的拓展，开拓了一个全新的研究领域。人类最初面临的是多姿多彩的、复杂而且无序的事物形态，用曼德布罗特的话说就是一种"几何混沌"。伴随人类社会的进步和发展，开始从复杂的事物形态当中分离出那些较为规则的、简单的形态进行研究，并用于近似表达复杂的事物形态。于是，得到点、线、面、体这些较为简单的基本图形，用于构造各种各样的图形，接着探究其中的关系，几何学由此产生。自此之后，几何学虽然也经历了一系列的发展，能够描述更加复杂的事物形态。但是，它们的研究对象依然是规则而又光滑的。至此，按照研究对象进行分类，存在"任意复杂和粗糙的形态"与"极度有序和光滑的形态"两类，相应地形成"几何混沌"与以欧几里得几何为代表的传统几何学。时至今日，人们又从"任意复杂和粗糙的形态"中分离出一部分，这部分虽然具有一定复杂性和粗糙性，但其同时也具有"粗糙和自相似"的特征，作为新的研究对象。所以，分形的发现又为数学打开了一片新天地，为数学发展开拓了一个新的领域。

三、室内设计批评

（一）设计批评

设计是进行某种创造时，计划、方案的展开过程，即头脑中的构思。在当今社会中，设计已经成为结合艺术世界与技术世界的"边缘领域"，即设计已成为"艺术＋技术"的活动。

根据批评的含义，我们可以认为：人们对于设计或设计作品所进行的价值判断，就是设计批评。具体来说，其指的是利用正确的思想方法，客观、科学、艺术并全面地对设计与设计师的创作思想、设计与设计作品、设计和作品制作过程、使用设计的过程、使用设计的社会个体与社会群体的鉴定和评价，对设计进行全面而又系统的研究、描述、分析、阐释、评价、论证、判断和批判。其核心就是判断设计客体对人与社会的意义和价值。一般将鉴赏者对设计作品在深层次上的质量和意义的判断，尤其是价值判断称为批评。设计是一种创造性的活动，设计作品是一种创造成果，而设计批评也是一种创造性的实践活动及成果。

（二）室内设计批评的概念

室内设计批评，主要是指人们对室内设计或室内设计作品的形式、功能、质量以及意义的科学分析和评价，尤其是对其深层含义价值的判断。一般意义上的室内设计批评，重点呈现为对室内设计作品的批评，内容主要包括：室内设计作品与室内设计师的创作思想，室内设计作品形式、功能和意义，室内设计作品的设计过程，室内设计作品的施工过程，室内空间使用者的使用过程与使用后的鉴定与评价等。

室内设计批评是能够对设计师及其鉴赏者、使用者起到直接作用，而又基于一定理论指导的一种实践性活动，其自身具有与设计作品本身的价值创造有所区别的价值，是整个室内设计体系的有机组成部分。

从广义上来讲，室内设计批评应当是对一切室内设计现象与室内设计问题的分析和科学评价，是沟通室内设计与室内环境、室内设计与公众、室内设计与社会的一个重要环节。

四、视知觉形式动力理论

视知觉形式动力理论的作用过程是连续的：物体的形态中表现出的动力式样，对知觉主体的视知觉形成一定的刺激，之后视知觉会将物体的形象重新建构，而这一过程也伴随着与人的感受、情绪以及经验等元素的参与，进而在视知觉形式动力的作用下对观察物形成了其个人的视知觉认识。

视知觉的认识行为一般会表现出两个方面的特性：整体性和主动性。视知觉的整体性主要表现在人对于视知觉认识的物体的完整把握上，进而得到一些相对抽象且情感的结论，如喜欢、讨厌等。这种把握主要是来自对视知觉刺激物形式上的感受和理解。视知觉的主动性主要指的是人对于事物的特征和性质是基于其主动的角度来分析和诠释的。视知觉的过程虽然非常快速，但是这并不是对于各种要素的简单叠加，而是知觉主体自身视觉与心理之间相互作用的结果，是一种主观的认识思维而不是简单的直觉反应。所以物体本身的形式和特性，在知觉主体的认识过程中具有十分重要的意义。完形主要强调视知觉的主动性，在视知觉的认识过程中，知觉主体往往会主动遵循相似、闭合等组织原则对观察物的形象进行处理，这种认识的完型趋势主要体现为"补足"和"重构"。

第二章 室内光线与色彩设计

第一节 室内光线设计

一、光学的基础知识

人的正常生活离不开光，光是地球生命的来源之一，也是人类生活的基础。据统计，在人类感官收到外部世界的总信息中，至少90%是通过眼睛接受外界光线而获得的。

在室内设计中，光线是人类生产生活所必需的因素，光线的有效利用更能够使室内空间获得良好的氛围，增加空间的艺术性。

（一）光的本质

光的本质是一种能引起视觉的电磁波，同时也是一种粒子（光子）。光可以在真空、空气、水等透明的介质中传播。本书所讨论的光是指可见光，即人类肉眼所能看到的光，它只是整个电磁波谱的一部分。可见光的波长范围为 $380 \sim 770$nm，其波长不同所呈现的颜色也不相同。而波长大于780nm的红外线、无线电波等，以及波长小于380nm的紫外线、X射线，人眼是感受不到其存在的（表2-1）。

表 2-1　波长及对应的颜色

颜色	波长（nm）	频率（$\times 10^{14}$Hz）
红	$630 \sim 760$	$3.9 \sim 4.8$
橙	$600 \sim 630$	$4.8 \sim 5.0$
黄	$570 \sim 600$	$5.0 \sim 5.3$
绿	$500 \sim 570$	$5.3 \sim 6.0$
青	$450 \sim 500$	$6.0 \sim 6.7$

续表

| 蓝 | 430～450 | 6.7～7.0 |
| 紫 | 100～450 | 7.0～7.5 |

根据光源的不同，我们可以将光分为自然光和人造光两种。

所有的光，无论是自然光还是人造光，都具有以下特性：

1.明暗度

明暗度表示光的强弱，它随光源能量和距离的变化而变化。

2.方向

只有一个光源，方向很容易确定。而有多个光源如多云天气的漫射光，方向就难以确定，甚至会完全迷失。

3.色彩

光的色彩随不同的光源和它所穿越的物质的不同而变化。自然光与白炽灯光或电子闪光灯灯光作用下的色彩不同，而且阳光本身的色彩也随大气条件和时间的变化而变化。

（二）光的几个基本概念

1.光通量

光源每秒所发出的光量之总和即光通量。光通量的单位为流明（lm）。

2.发光强度

光源所发出的光通量在空间的分布密度叫作发光强度，有时也简称光强，单位是坎德拉（cd）。不同的光源发出的光通量也是不同的。例如，吊在桌面上的一个100W的白炽灯发出1250lm的光通量，如果用灯罩，光通量在空间的分布情况就会发生变化，桌面上的光通量也会相应产生变化。灯罩使向下的光通量增加，桌面就会变亮。

3.照度

被照面单位面积上接受的光通量叫作照度，其单位是lx，或流明每平方米（lm/m^2）。光通量和发光强度主要表示光源或发光体发射光的强弱，而照度用来表示被照面上接收光的强弱。照度的大小会影响人眼对物体的辨别，如室内，若照度为20lx则刚能辨别人脸的轮廓，下棋打牌的照度需150lx；看小说约需250lx，即25W白炽灯离书30～50cm；书写约需要500lx，即40W白炽灯离书30～50cm；看电视约需30lx，即用一支3W的小灯放在视线之外即可。

4. 亮度

发光表面在指定方向的发光强度与垂直指定方向的发光面的面积之比称亮度，单位是坎德拉每平方米（cd/m²），它表示的是发光面的明亮程度。对于一个漫反射的发光面，其各个方向上的发光强度和发光面是不同的，但是各个方向的亮度都是相等的。

（三）材料的光学性质

做好室内的光线设计，除了了解光的基本性质外，还要对装饰材料的光学性质有一定了解。光线经过材料，会发生反射或者透射。不论是透射还是反射，按其光通量经过材料后的变化，一般可以分为以下两类。

1. 反射材料

（1）定向反射与定向反射材料

经过材料的反射后，若光线分布的立体角无变化，则称为定向反射，这类材料称为反射材料。反射材料遵循光的反射定律，即反射线与入射线分居法线的两侧，且位于入射线与法线所决定的平面内，反射角等于入射角。

镜子和表面发光的金属等材料，表面不透明且较光滑，这类材料就属于反射材料。其特点是在反射方向上可以看见光源清晰的像，但眼睛移动到非反射方向便看不到。根据这一特性，若将定向反射材料置于适当位置，则可使需要增加照度的地方增加照度，但又不会在视线中出现光源的形象。

（2）扩散反射与扩散反射材料

若光线通过材料反射后，向四面八方分布，则称为扩散反射，这类材料称为扩散反射材料。扩散反射可分为如下两类：

①均匀扩散反射与均匀扩散反射材料

反射光均匀地分布在四面八方的反射称为均匀扩散反射。

均匀扩散反射的材料，从各个方向上看，其亮度完全相同，且看不见光源的形象。氧化镁、石膏以及粉刷墙等均可视为均匀扩散反射材料。

②定向扩散反射与定向扩散反射材料

在某一反射方向上有最大亮度，而在其他方向上也有一定亮度的反射称定向扩散反射，具有这种反光特性的材料称为定向扩散反射材料。定向扩散反射实际上是定向反射与扩散反射的综合，其特点是在反射方向上可以看见光源的形象，但轮廓不像定向反射那样清晰；在其他方向上也有亮度，其分布类似于扩散材料，但其强度却并不均匀。表面光滑的纸、表面粗糙的金属以及油漆表面均可视为定向扩散反射材料。

2. 透射材料

光线从材料的一面入射，透过材料进入另一面的介质传播的现象称为材料的透射，这样的材料称为透射材料。透射光线的性能不仅与材料的厚度有关，而且与材料的分子结构有关。过厚的玻璃不透光，但极薄的金属膜却能透光就是这个道理。

与反射同样的道理，材料的透射也可分为定向透射与扩散透射两大类。

（1）定向透射与定向透射材料

定向透射就是指透射光方向一致的透射。定向透射的特点是通过这样的透射，可以看到材料另一侧的景物，这样的材料称为定向透射材料。

（2）扩散透射与扩散透射材料

扩散透射是指光线射入材料后向四面八方发生透射（透射光的方向不一致）的现象。若从各个方向观察，材料的亮度均相同，这样的透射称为均匀扩散透射。具有这种性能的材料称为均匀扩散透射材料，其亮度与发光强度的分布不均匀。

定向透射方向上具有最大亮度，其他方向上也有亮度的透射被称为定向扩散透射，具有这种性能的材料被称为定向扩散透射材料。透过定向透光材料虽可看见光源的形象，但不清晰，因此常用在需要采光及大致感知光源及外界景物的地方。磨砂玻璃就属于这类材料，光线经过均匀扩散透射材料后各方向的亮度相同，透过它只能看见材料的本色和光源亮度的变化，看不见光源及外界景物的形象，因而常常用作灯罩及发光顶棚的材料，用来降低光源亮度，避免眩光。

二、室内自然采光照明

室内照明的设计应尽量采用自然光线。一方面，自然光线的利用能够节约能源，符合可持续发展的要求；另一方面，自然采光在视觉上更符合人类的眼睛结构，室外的景色也能够调节人的紧张情绪。

按照不同的采光部位和采光形式，室内的自然采光方式有以下四种。

（一）窗采光

窗采光是指通过建筑的窗户进行采光，是建筑上最常见的一种采光形式。常见的窗有侧窗、角窗、凸窗等，这种采光形式广泛应用在住宅、办公室、宾馆以及其他公共场所中。通过普通窗户采得的光线，具有方向性强的特点，有利于在室内形成阴影。其缺点是室内的照度不均匀，室内只有部分区域有光照。容易造成其他区域照度不足。

（二）墙采光

墙采光多指通过玻璃幕墙、落地玻璃等大面积的透明墙体进行采光的形式，玻璃幕墙是指用铝合金或其他金属轧成的空腹型杆件做骨架，以玻璃封闭而成的房屋围护墙。而落地玻璃则是由强度较高的钢化玻璃制成，这种采光方式不仅能够大面积地引入自然光线，而且能将室外良好的自然景观融入室内。另外，用来制作幕墙的玻璃，是在玻璃中添加微量的 Fe、Ni、Co、Se 等元素，并经钢化而成的玻璃，具有吸收光线的功能。在强光的照射下，室内仍然使人感觉光线柔和。但相比而言，玻璃幕墙采光造价高，多用于办公楼、火车站等大型公共建筑。

（三）顶棚采光

顶棚采光是指在建筑顶部，通过天窗或者设置透明装置进行采光。

顶棚采光在商场、博物馆以及一些地下建筑中应用较多，其采光形式也分为天窗采光、玻璃顶棚采光等多种形式。一些大的采光口多结合中庭布置，在营造良好的室内空间的同时，使光线得到最大限度的利用。这种形式的采光，光线是从房间的顶部照射下来的，其在室内形成的照度分布较均匀。另外，采光口的形式、顶部的遮挡情况等都会影响室内的采光效果。

（四）技术辅助采光——光导照明

近年来，随着技术的进步，出现了一种新型的照明方式——光导照明。其基本原理是利用光导材料的导光性将光线传导进室内，得到由自然光带来的特殊照明效果。与传统的照明方式相比，光导照明具有节能、环保等优点。

光导照明系统最早是由英国蒙诺加特公司在 20 世纪 80 年代末研究开发出来的。一般由采光装置、光导装置、漫射装置组成。2008 年奥运会柔道馆——北京科技大学体育馆就采用了这种技术，在体育馆的内部共安装了 148 个光导管。它们不但能在白天收集室外光线满足室内照明，在晚上也能够将室内的灯光传到建筑表面，起到美化夜景的作用。

三、室内人工照明

自然采光受时间、天气的影响较大，故在室内还必须进行人工照明。人工照明也是进行室内设计时最常用的一种照明方式，它不仅能够使室内照度均匀，并且能形成一定的视觉效果。

室内人工照明大致可分为工作照明与艺术照明两种。工作照明多从功能方面来考虑，以满足视觉工作要求为主；而艺术照明旨在丰富室内的艺术环境观感。

（一）人工光源的类型

人工照明的方式多采用电光源，由于发光条件不同，其光电特性也有所差别。按照光源的不同，我们一般将其分为固体放电光源和气体放电光源两大类。

我们常见的白炽灯、卤钨灯、LED 灯等都属于固体放电光源。其原理是利用金属或者半导体材料的发光特性进行照明；荧光灯、钠灯等则属于气体放电光源，其原理是利用某些特定元素的原子被电子激发产生的光辐射进行照明。

在进行室内照明时，白炽灯与荧光灯是两种主要的人工光源。白炽灯的价格较为便宜，发出的光线较柔和，可以通过改变电阻器来实现光线的明暗变化。白炽灯尺寸较小，适合做点光源，用来强调室内物体的质地。但是白炽灯的发光效率较低，只有约 12% 的电能被转化为光，其寿命也相对较短。荧光灯的效率较高，并具有较长的使用寿命。除此之外，我们可以通过改变涂在灯光内壁的荧光粉，控制其输出功率和色彩。荧光灯的外形可分为直管型和异型两种。

直管型多用于发光顶棚等。异型荧光灯具有外形紧凑、体积较小、造型美观等优点，故在有些地方已经取代白炽灯作为室内照明的点光源。

目前，LED 灯成了室内人工照明的新宠，在室内设计中被广泛应用。LED 是发光二极管的英文缩写，除了在发光过程中不产生热量、能量转换效率接近 100%、寿命超长外，还有节能、适用性好、回应时间短、环保、多色发光等优点。当然，LED 灯仍然存在价格贵、光衰大等缺点，但是 LED 灯的内在特征决定了它是代替传统灯的最理想光源，有着广泛的用途和市场前景，随着技术的不断完善，LED 灯一定会在室内灯具中成为主导。

（二）人工照明的方式

照明方式的选择，会对室内的光照效果产生直接影响，设计师要使最终的光照效果达到设计预想，必须对照明方式有明确的了解。按照光线反射情况的不同，照明方式可分为间接照明、半间接照明、直接—间接照明、漫射照明、半直接照明、宽光束直接照明、高集光束直接照明等。

1. 间接照明

把光源遮蔽而产生照明。这种照明把大部分的光线（90% 以上）照射到遮蔽物上，经过反射照到室内空间中。当间接照明靠近顶棚时，可以形成无阴影的光照效果，从顶棚射下的光线也会给人造成顶棚升高的错觉。但是，单独使用这种照明方式时，灯光环境会过于平淡，需要与其他照明方式相结合。

2. 半间接照明

这种照明方式把 60% ～ 90% 的光照射到顶棚等遮蔽物上，其余的部分直接照射到工作面上。这种照明方式所形成的光环境，弱化了向下照射的光，形成的阴影较弱，适合阅读和学习等空间。

3. 直接—间接照明

这种照明方式把一半的光线（40% ～ 60%）照射到遮蔽物上，一半的光线照射到室内环境中。在室内，半直接照明提供给地面和顶棚相同的亮度，在直接眩光区，其亮度较低。

4. 漫射照明

在这种照明方式下，光线没有遮蔽物，均匀地分布在整个光环境内。在室内，漫射照明所形成的照度在所有方向上都是一致的。

5. 半直接照明

与半间接照明相反，这种照明方式把60%～90%的光照射到工作面上，其余部分直接照射到顶棚等遮蔽物上。在室内，半直接照明向上照射的光弱化了，由反射所形成的软化阴影也变少了。

6. 宽光束直接照明

这种照明方式把大部分光线（90%以上）直接照射到被照物上。这种照明光线亮度高而且较集中，具有强烈的明暗对比，可造成有趣、生动的阴影。这种照射方式较易形成眩光，造成观者眼部不舒服。

7. 高集光束直接照明

这种照明方式同样把大部分的光线（90%以上）直接照射到被照物上。这种照明方式下的光束高度集中形成光聚点，适用于突出光线本身的效果或作为强调照明使用。由于光束过于集中，容易形成眩光和环境照度不足的情况，所以不宜单独使用。

（三）灯具的类型

光源、灯罩以及其附属物共同组成灯具。灯具的选择确定了光源发出的光在空间内的分布，可以直接影响室内的照明效果。灯具种类繁多，按功能用途可分为照明灯具和装饰性灯具；按形式可分为直接型灯具、半直接型灯具、均匀扩散型灯具、半间接型灯具、间接型灯具和直接—间接型灯具；按固定方式可分为吊灯、壁灯、吸顶灯等。

1. 筒灯

筒灯是20世纪美国开发的产品，其口径较小，多陷入天花板内，外形类似罐头，故称为筒灯。其发光光源多使用白炽灯，有的也使用小型荧光灯和高压气体放电灯。灯筒可分为可调整型、普通型、球型等，有的可以改变其光照角度，以满足不同的使用要求。

因为筒灯多安装在天花板内，所以其外观效果较为隐蔽，一般用来使室内空间得到均匀的亮度，例如针对室内某处地毯或者餐桌的照明，筒灯可以确保其水平面亮度；筒灯还常用作大面积墙壁的照明灯，营造室内光墙的效果。筒灯的安装较为复杂，进行二次修改较困难。所以在进行室内设计时，要首先考虑外观等因素，再进行安装。

2. 吊灯

与筒灯不同，吊灯多是从天花板处垂吊下来的，装饰性较强，选择不同类型的灯罩会产生不同的空间视觉效果。一般情况下，吊灯的设置与家具的设计结合起来，才能达到更好的效果。

3. 吸顶灯

顾名思义，吸顶灯多安装在紧靠天花板的位置，具有一定装饰顶棚的效果。它对空间的影响较小，在空间高度一定的情况下，吸顶灯比吊灯的效果更含蓄，形成的空间更开阔。吸顶灯的安装直径多为500mm左右，乳白色灯罩的吸顶灯较为普遍。

4. 射灯

射灯在舞台照明中最为常见。在生活空间中，射灯多安装在天花板或者墙壁上，用于加强或突出被照物的光影效果。实验证明，当射灯的照明度达到整体照明的3～7倍时，可以取得较为明显的照明效果；当照度达到整体照明的10倍时，被照对象就会突出空间，成为视觉上的焦点。射灯的使用较为灵活，不同的照射方式也会产生不同的效果，如将光束打到某一反光较强的物体上，就会成为室内空间的间接照明；将射灯的光线进行特殊遮挡，光线再投到墙壁上则可在室内产生艺术化的光影效果。

5. 壁灯

壁灯，即安装在墙壁上的灯具，多用于强调墙壁所属的空间，起到烘托气氛和装饰的作用。壁灯可分为嵌入式和托架式两种。嵌入式壁灯多安装在墙壁内，托架式壁灯多与门窗、绘画、镜子等相关联。

6. 放置型灯

我们常见的落地灯、台灯都属于放置型灯。其形态各异，安装和摆放也比较灵活，按其照明形式可分为圆锥形、球形等。放置灯的选择，要结合整体的空间风格，以起到强化空间艺术效果的作用。

（四）室内人工光环境设计的原则

1.满足基本的照度要求

（1）充分的照度

使房间获得充分的照度，以满足人们在生活、工作中的基本要求，这是我们进行光环境设计首先要解决的问题。在室内设计中，一般以照度水平作为照明的数量指标。在实际操作过程中，并非照度越高越好，既要满足使用要求，又要考虑其经济性。

（2）均匀的照度

室内光照环境设计的目的一方面是使人能清楚地观看事物，另一方面还要给人在视觉上带来舒适感，所以室内各个表面有合适的亮度分布是必要的。在没有特殊要求的情况下，一般的照明要求假定的工作面能够达到均匀的亮度。

2.营造舒适的光环境

（1）舒适的亮度比

作为对工作面照度的补充，室内空间各个主要的面都应有适当的亮度，使光线更加符合人眼的特点，在可见的基础上做到更加舒适。在工作房间内，作业面邻近环境的亮度应当低于作业面本身的亮度，但不宜小于作业面亮度的 1/3，而作业面更大范围内的平均亮度（包括周围的墙壁、窗户等在内）不宜低于作业面亮度的 1/10。

除此之外，还应该特别注意避免眩光的产生。眩光是视野中出现强烈的明暗对比在人眼中所形成的不适应感，严重时可能会损伤人的视力。在实际生活中，最常见的是光幕反射引起的眩光。如在阅读杂志时，如果书页材料的反射性能较好，会使页面的反射性能提高，书页看上去一片闪亮，内容则模糊不清，这种现象被称为光幕反射，是高亮度的光经过反射材料的反射进入人眼而造成的。这时我们可以通过改变光照强度、调整照射角、调整材料的反射性能等措施进行缓解。

（2）合适的投光方式

在布置灯具时，要考虑空间的结构特征、家具、人等各种因素，达到使被照物清晰、空间生动、活泼的目的。要做到这一点，首先要掌握好灯光的投射方式。在投射方向上，首先不能方向性过强，否则容易造成生硬的阴影；也不宜太散漫而使被照物体缺少立体感。这就要求设计师应不断调整灯光的照射方向，调整直射光与漫射光的比例，以得到最佳的灯光效果。

另外，照明方式可用来改变空间的虚实感，如在许多家具的底部设置向上的照明，使物体和地面脱离，形成悬浮的特殊效果。

3. 营造良好的艺术氛围

光线的设计往往结合色彩设计来营造某种艺术氛围。对光色的选择，一方面应根据不同气候、环境和建筑的风格、功能来确定。运用光色是取得室内特定情调的有力手段，主要通过人工光源加上滤色片产生。暖色调表现愉悦、温暖、华丽的气氛，冷色调则表现宁静、高雅、清爽的格调。另一方面，还要注意光色和室内其他色彩的配合及相互影响。这是因为形成室内空间某种特定气氛的视觉环境色彩，是光色与光照下环境实体显色效应的总和。

4. 注意环保节能

在自然资源越来越匮乏的今天，环保与节能也应当体现在室内的光照设计中。

现如今科技发达，已经有一些光线效果好、发光效率高的灯具出现。在选择灯具时，应尽量关注利用系数高的灯具。另外，也要考虑到灯具的老化与污染、换灯与清洗是否方便等因素。在照明设计时，针对不同的使用功能，采用区别对待的方式，可以达到节能的目的。

第二节 室内色彩设计

一、色彩的基本知识

人们在观察世界时，色彩往往会先入为主，形成认知的第一印象。色彩与光线是营造室内空间气氛的主要手段。色彩会对人的生理、心理、行为等产生一定影响。室内色彩的效果与周围环境的材料质地等因素密不可分。

色彩来自光，当光进入到人的视网膜时便形成了视觉。我们看到的各种色彩是物体反射的光线所形成的颜色，没有光，色彩便不存在。在进行室内设计时，光线只有结合色彩才能创造出理想的空间效果。

（一）色彩及其属性

色彩可分为无彩色和有彩色两大类。前者如黑、白、灰，后者如红、黄、蓝等。无彩色有明暗之分，表现为白、黑，也就是我们常说的明度；有彩色的表述就相对复杂，除了明度外，我们一般还用色相、纯度等特征值来描述。

色相：表示色彩所呈现出来的相貌，是区别色彩的必要名称，如红、橙、黄、绿、青、蓝、紫等。色相和色彩的强弱及阴暗没有关系，只是纯粹表示色彩相貌的差异。

明度：色彩的强度，表示的是人眼感觉到的色彩的明暗差别。不同的颜色，反射的光量强弱不一，因而会产生不同程度的明暗。

纯度就是我们所说的饱和度，表示色彩的强弱程度。具体来说，是表明一种颜色中是否含有白或黑的成分。假如某一颜色不含有白或黑的成分便是"纯色"，纯度最高；如含有白或者黑的成分，它的纯度值就会减小。

（二）色彩体系

色彩体系是为了便于研究和使用而制定形成的一套色彩标准。

目前有三个常用的国际标准色彩体系：美国的蒙塞尔、德国的奥斯瓦尔德、日本色彩研究所的PCCS。各国的色彩体系都用到了色立体。色立体虽因发展时间前后不一而形成了体系的差异性，但大都以色相、明度、纯度三性为基本构架，其间的区别不大。

色相、明度和纯度三属性的纵深组合架构成一个立体块，就称为"色立体"或者色树。明度为纵轴，纯度为横轴，向上、向下或向内、向外衍生出各种不同明度、纯度的色彩子孙，组成一个又一个色片家族。色立体的功能很多，就像一本字典，可随时查询、对照和参考。

奥斯瓦尔德色标和蒙塞尔色标的基本原理是相同的。把在日光下混合所得的明度、色相和彩色组织起来，由下而上排列，使每一横断面上的色标都相同，上横断面上的色标较下横断面上的色标的明度高。再以黑、灰、白作为中心轴，自中心向外，使同一圆柱上色标的纯度都相同，外圆柱上的色标比内圆柱上的色标纯度高。再从中心轴向外，每一纵断上色标的色相都相同，使不同纵断面的色相不同的红、橙、黄、绿、青、蓝、紫等色相自环中心轴依顺时针排列，这样就把数以千计的色标严整地组织起来，形成立体色标。

PCCS 色彩体系是日本色彩研究所于 1964 年研制出来的，是一种主要以色彩调和为目的的色彩体系。其最大的特点是将色彩的三属性关系，综合成色相与色调两种观念来构成色调系列。PCCS 体系将色彩分为 24 个色相、17 个明度色阶和 9 个纯度等级，再将色彩群外观色的基本倾向分为 12 个色调。从色调的观念出发，平面展示了每一个色相的明度关系和纯度关系，从每个色相在色调系列中的位置，能够明确地分析出色相的明度、纯度的成分含量。

（三）色彩和感知

1. 色彩的温度感

实验证明，人们看到红色、橙色时，会产生温暖的感觉；而看到蓝色、绿色时会产生清凉的感觉。这都取决于我们在日常生活中的感受和经历。

在色彩学中，人们把不同色相的色彩分为暖色、冷色和中间色三种。红、黄、橙等被划分为暖色；蓝、青等被划分为冷色；紫、绿等则为中间色。

2. 色彩的轻重感

色彩是有轻重感的，不同的色彩给人的轻重感觉不同。此外，研究还表明，色彩重量感的大小还取决于色彩的明度和纯度，明度和纯度较高的色彩给人的感觉较轻，明度和纯度较低的色彩给人较重的感觉。

3. 色彩的尺度感

不同的色彩在尺度上给人的感觉也不同。色彩对尺度的提示受到色相和明度的影响。实验证明，较暖的色彩或者明度较高的色彩给人的尺度感较大，即暖色或者具有明度较高的色彩的物体显得较大。另外，生活经验还告诉我们，暖色的明度比冷色的明度高，故暖色更具有扩张感；在黑暗中，高明度的色彩面积看起来比实际面积要大。

另外，不同的色彩也具有不同的凹进或者凸出的效果，同样是暖色系、明度高的色彩具有凸出效果，冷色系、明度低的色彩则具有凹进的效果。一般认为黄、红等颜色属于前进色，感觉比实际空间距离近；蓝、绿等属于后退色，感觉比实际空间距离远。

二、色彩的效应

色彩不但具有一定心理与生理的效应，更具有深层次的文化意义。色彩的这些效应越来越受到设计师的关注，室内设计结合色彩的效应更加具有象征意味与深刻含义。

（一）色彩的心理与生理效应

现代实验心理学表明，当人受到色彩的刺激后，必然会产生心理和生理反应。科学家曾对这些本能的反应做过研究，发现了一些色彩与人的反应之间的规律：深红色含蓄、典雅，代表高贵的气质；淡粉色甜美、芬芳，代表着浪漫；橙黄色让人感觉明快、愉悦，研究表明黄色与乐观紧密相连，能使大脑兴奋；蓝色能使大脑释放荷尔蒙而得到放松；绿色能够消除人的紧张情绪，帮助人们放松精神。这里特别需要指出的是米色和棕色，这两种颜色给人简朴的印象，使它们与自然、有机的事物紧密相连，而且正是这种简单、朴实的印象，使其在商业活动中充满活力（表2-2）。

表2-2 不同色相对人的心理影响

色相	人的心理反应
红	激情、热烈、喜悦、吉庆、革命、愤怒、焦灼
橙	活泼、欢喜、爽朗、温和、浪漫、成熟、丰收
黄	愉快、健康、明朗、轻快、希望、明快、光明
绿	安静、新鲜、安全、和平、年轻
青	沉静、冷静、冷漠、孤独、空旷
紫	庄严、不安、神秘、严肃、高贵
白	纯洁、朴素、纯粹、清爽、冷酷
灰	平凡、中性、沉着、抑郁
黑	黑暗、肃穆、阴森、忧郁、严峻、不安、压迫

除了颜色的差别外，色彩的三个要素——色相、明度、纯度都会影响人

们的感知。另外，在观察色彩时，除了直接受到色彩的视觉刺激外，在思维方面也可能受到以往生活经验、环境事物的影响，进而左右人们的情绪。人眼会对它长时间注视的色彩产生疲劳，当产生疲劳后人眼会有暂时记录它的补色的趋势。

（二）色彩的文化效应

社会文化、宗教习俗、民族心态、个人经验等都会影响人们对色彩的感知。

在我国古代，色彩还具有一定的政治意义，颜色成为统治者划分等级的依据，如黄色是封建帝王的代表色，象征着高贵与特权。而到了现代，随着时代的发展与进步，色彩又被赋予新的内涵，例如红色具有革命、热情等意义，绿色、蓝色象征着生命、和平等。

总之，人对色彩感知的特殊性在于人们会在色彩上加入自己的情感，色彩通过人的视觉传达到大脑后，人们会根据自己的喜好进行辨别，并产生一定的联想。

（三）色彩的空间效应

将色彩付诸建筑空间，并不仅仅在于美化和装饰，色彩的情感借助建筑和空间的表达，使人对与其相通的心理和社会文化发生联系，能够引发更深层次的情感沟通。美国肯尼迪图书馆的设计就利用了色彩的这一特性。建筑主体上有一块大面积突出的黑色玻璃幕墙，镶嵌在全白建筑的正面上，整座建筑造型独特简洁，反差分明。

在进行室内空间设计时，色彩的选择能够在很大程度上影响我们对空间和建筑的感知。色彩能够反映出建筑空间的功能和性格。色彩与环境的配合能够加深人们对空间的印象，包括自然环境的协调和人文色彩的传承两个方面。人们会因为色彩联想到周边环境和整个城市的风貌，容易形成整体的认知。

总之，人在空间中对色彩的感知，是结合空间感知进行的。空间的功能、周边环境和空间的光影变化与色彩是相互影响、相互促进的关系。

三、室内空间的色彩设计

室内色彩设计是室内设计的一个重要部分，它在设计中起着改变或者创造某种格调的作用。有研究表明，人进入某个空间最初的印象有 75% 是由色彩带来的，然后才是形体、空间等元素。在进行色彩设计时，除了要满足使用者的要求外，还应遵循以下五个规律。

（一）整体协调统一

在室内设计中，色彩的和谐性就如同音乐的节奏与和声。各种色彩相互作用于空间中，和谐与对比是室内空间气氛的关键。色彩的协调意味着色彩三要素——色相、明度和纯度之间的靠近，从而产生一种统一感，但要避免过于平淡、沉闷与单调。因此，色彩的和谐应表现为对比中的和谐、对比中的衬托（其中包括冷暖对比、阴暗对比、纯度对比）。

色彩的对比是指色彩明度与纯度的距离疏远。在室内装饰中，过多的对比会给人眼花和不安的感觉。由此可见，协调与对比的关系显得尤为重要。缤纷的色彩会给室内空间增添不同的气氛，和谐是控制、完善与加强这种气氛的基本手段，只有认真分析和谐与对比的关系，才能使室内色彩更富于诗般的意境与气氛。

（二）室内空间功能

室内的色彩设计应满足建筑空间的功能要求。在进行空间的色彩设计时，首先应认真分析每一个空间的使用性质，可以根据使用对象不同或者使用功能不同有明显区别，空间色彩的设计就必须有所区别。

在室内设计中除了空间划分合理、装饰风格独特、家具陈设舒适以外，色彩也对设计的成功起着重要作用。在室内设计中除了运用空间划分、家具陈设等表现功能的手段外，色彩也可以很好地体现室内功能。

室内功能不同，在色彩选择上也不同，合理的色彩设计应围绕室内功能展开，利用色彩对人生理、心理的影响营造出符合要求的空间环境。特别是公共场所的室内色彩设计，更应考虑到功能对色彩的要求这一关键问题。

（三）满足构图需要

室内色彩配置必须符合空间构图原则，充分发挥室内色彩对空间的美化作用，正确处理协调和对比、统一与变化、主体与背景的关系。在室内色彩设计时，首先要定好空间色彩的主色调。主色调在室内气氛中起主导和润色、陪衬、烘托的作用。形成室内主色调的因素很多,主要有室内色彩的明度、纯度和对比度,应处理好它们的统一与变化的关系。有统一而无变化则达不到美的效果,因此,要求在统一的基础上求变化,取得良好的效果。为了取得既统一又有变化的效果,大面积的色块不宜采用过分鲜艳的色彩,小面积的色块可适当提高色彩的明度和纯度。此外,室内色彩设计要体现稳定感、韵律感和节奏感。为了达到空间色彩的稳定,常采用上轻下重的色彩关系。室内色彩的起伏变化,应形成一定的韵律和节奏,注重色彩的规律性,切忌杂乱无章。

背景色:多指地面、墙面、顶棚的颜色,在室内空间中占有很大面积,并能起到衬托室内物体的作用。

装修色:指门窗、博古架、墙裙、壁柜等的颜色,常和背景色有紧密的联系。

家具色:家具是室内陈设的主题,其色彩是表现室内风格、个性的重要因素。

(四)结合空间效果

充分利用色彩的物理性能及其产生的心理效应,能够在一定程度上改变空间的尺度与比例,并可以利用色彩的变化进行空间的分隔、渗透,改善空间效果。例如,可以利用色彩的变化强调空间设计上需要突出的地方,同样可以利用色彩削弱不希望被注意的次要地方。

(五)将自然色彩融入室内空间

室内与室外环境的空间是一个整体,室外色彩与室内色彩并非孤立存在,而是有着密切的关系。将自然的色彩引进室内,在室内营造自然气氛,可有效地加深人与自然的亲密关系。自然界的树木、花草、水池、石头等都是装饰点缀室内装饰色彩的重要内容,这些自然物的色彩极为丰富,可以给人一种轻松愉快的联想,并将人带入轻松自然的空间氛围中。

第三章 室内环境的内含物布置与陈设

室内设计的陈设与布置是室内设计的重点。室内设计的内含物包括家具、色彩、织物以及绿色植株等，对于这些内含物的陈设与选择，决定了室内的风格与氛围。本章即对家具、色彩、织物以及绿色植株的陈设进行研究与分析。

第一节 家具的布置与陈设

一、家具的类别

家具是空间属性的重要构成，它在室内空间中能有效地组织空间，为陈设提供一个限定空间。家具在这个有限的空间中，在以人为本的前提下，能合理地组织和安排室内空间，满足人们工作、生活的各种需求。

（一）以使用功能为标准划分

家具按使用功能，可划分为支撑类、凭倚类、装饰类和储藏类四种。

1. 支撑类家具

支撑类家具指各种坐具、卧具，如凳、椅、床等。

2. 凭倚类家具

凭倚类家具指各种带有操作台面的家具，如桌、台、茶几等。

3. 装饰类家具

装饰类家具指陈设装饰品的开敞式柜类或架类的家具，如博古架、隔断等。

4. 储藏类家具

储藏类家具指各种有储存或展示功能的家具，如箱柜、橱架等。

（二）以制作材料为标准划分

家具以制作材料为标准，可划分为木制家具、玻璃家具、金属家具、皮家具、塑料家具、竹藤家具。

1. 木制家具

木制家具主要由实木与各种木制复合材料（如胶合板、纤维板、刨花板和细木工板等）所构成。

木制家具的材料主要有实木和薄木贴面以及木制人造板。

实木是指家具的部件由一块木料制成，例如椅子和桌子的腿、框架等。薄木贴面是用在普通木材或合成材料表面的一层装饰木皮，它采用不同的方法切削加工，可以获得特殊的装饰纹理。

另外，木材接合的类型暗示了强度要求，也决定了一件家具的耐用性和美观性。木材接合最常用的构造方法有榫眼和榫头、暗榫、斜接、燕尾榫、榫舌、搭接、对接、塞角。

2. 玻璃家具

玻璃是家具设计中常用的材料，主要用于桌子台面。玻璃可以进行刻蚀或喷砂加工，整个表面产生细小的霜雾状和不透明的效果。因为玻璃很锋利，所以玻璃的边缘要加工成斜面。此外，桌面玻璃应有一定厚度，并经过钢化处理，防止破碎后锋利的边缘伤人。

3. 金属家具

金属家具是以金属管材、线材或板材为基材生产的家具。

金属是家具构造的常用材料，有铝、铬钢、铁和钢等，它可以经过焊接、等加工方法制成各种形状，为设计提供很大的灵活性。

4. 皮家具

皮家具是以各种皮革为主要面料的家具。

5. 塑料家具

塑料家具是整体或主要部件使用塑料的家具。

塑料具有耐久性和易清洁的特点，可是，塑料经过一段时间后会变得没有光泽、易破碎或刮擦，甚至一些合成材料易燃，损坏后难以维修。因为塑料主要是耗用不能更新的石油资源，同时不是所有的塑料都可以生物降解，只有一部分可以回收利用。

6. 竹藤家具

竹子、白藤、藤条、灯芯草都来自自然，这种天然特性使得它们容易和一些日常使用的物品相配，可以很好地用于室内或室外空间。

（三）以结构特征为标准划分

1. 框式

框式家具以榫接合为主要特点，通过榫接合构成承重框架，围合的板件附设于框架之上，一般一次性装配而成，不便拆装。

2. 板式

板式家具是以人造板构成板式部件，用连接件将板式部件接合装配的家具。板式家具有可拆和不可拆之分。

3. 折叠式

折叠式家具是能够折动使用并能叠放的家具，便于携带、存放和运输。

4. 拆装式

拆装式家具是用各种连接件或插接结构组装而成的可以反复拆装的家具。

5. 曲木式

曲木式家具是以实木弯曲或多层单板胶合弯曲制成的家具，具有造型别致、轻巧、美观的优点。

6. 壳体式

壳体式家具指整体或零件利用塑料或玻璃一次模压、浇注成型的家具，具有结构轻巧、形体新奇和新颖时尚的特点。

7. 树根式

树根式家具是以自然形态的树根、树枝、藤条等天然材料为原料，略加雕琢后经胶合、钉接、修整而成的家具。

二、家具的风格

（一）新古典风格

新古典风格的家具，其实是加入了现代元素的古典风格，它在保留了欧式风格的雍容华贵、精雕细刻的同时，又将过于复杂的肌理和装饰做了简化处理，更符合现代人的审美观。

（二）现代风格

现代风格造型简洁，线条简单，没有过多的繁复装饰。它讲究的是家具的功能设计，以先进的科技和新型的材料为表现形式。

（三）欧式风格

欧式风格的家具雕刻讲究，手工精细，整体轮廓及结构的转折部分，常为曲线或曲面的构成，并常伴有镀金的线条装饰，整体给人的感觉是富丽堂皇、华贵优雅。

（四）地中海风格

地中海风格的家具根植于巴洛克风格，并融入了田园风格的韵味，其家具线条简单柔和，不是直来直去的，多为弧状或拱状。在选材和质感上，多为木制和布艺，木制的家具表面通常做旧，表现质朴；布艺的家具则多为色彩清爽的碎花、条纹或格子，追求休闲舒适的自然气质。

（五）中式风格

中式风格的家具多为明清时的家具样式，融合了中国传统庄重与优雅的双重气质。在中式风格中用得比较多的是屏风、圈椅、官帽椅、案、榻、罗汉床等，颜色多以原木色、暗红色、深棕色为主。一件件家具仿佛一首首经典的老歌，流淌在空间中的每一个音符都耐人寻味。

新中式风格则是将这些繁复的传统元素符号进行提取或简化，用最简单的语言来表达。古典的语言、现代的手法、意境的注入等，都表现着现代人对意味悠久、隽永含蓄、古老神秘的东方精神的追求。

三、家具的布置与陈设

（一）家具的布置

1. 合理的位置

陈设格局即家具布置的结构形式。格局问题的实质是构图问题。总的说来，陈设格局分规则和不大规则两大类。规则式多表现为对称式，有明显的轴线，特点是严肃和庄重，因此常用于会议厅、接待室和宴会厅，主要家具呈圆形、方形、矩形或马蹄形。不规则式的特点是不对称，没有明显的轴线，气氛自由、活泼、富于变化，因此常用于休息室、起居室、活动室等。这种格局在现代建筑中最常见，因为它随和、新颖，更适合现代生活的要求。不论采取哪种格局，家具布置都应符合有散有聚、有主有次的原则。一般来说，空间小时，宜聚不宜散；空间大时，宜适当分散。

室内空间的位置环境各不相同，在位置上有靠近出入口的地带、室内中心地带、沿墙地带或靠窗地带，以及室内后部地带等区别，各个位置的环境如采光效率、交通影响、室外景观各不相同，应结合使用要求，使不同家具的位置在室内各得其所。

2. 家具布置的方法

家具布置的形式与方法，如表 3-1 所示。

表 3-1　家具布置的形式与方法

依据	形式	方法
家具在空间中的位置	周边式	沿四周墙布置，留出中间位置，空间相对集中，易于组织交通，为举行其他活动提供较大的面积，便于布置中心陈设。
	岛式	将家具布置在室内中心部位，留出周边空间，强调家具的中心地位，显示其重要性和独立性，保证了中心区域不受干扰和影响。
	走道式	将家具布置在室内两侧，中间留出走道。节约交通面积，交通对两边都有干扰，一般客房活动人数少，都这样布置。
	单边式	将家具集中在一边，留出另一边空间（常称为走道）。工作区与交通区截然分开，功能分区明确，干扰小，交通成为线形，当交通线布置在房间的短边时，交通面积最为节约。
家具的布置格局	对称式	显得庄重、严肃、稳定而静穆，适合于隆重、正规的场合。
	非对称式	显得活泼、自由、流动而活跃，适合于轻松、非正规的场合。
	分散式	适合功能多样、家具品类较多、房间面积较大的场合，组成若干家具组，不论采取何种形式，均应有主有次，层次分明，聚散相宜。
	集中式	适合功能比较单一、家具品类不多、房间面积较小的场合，组成单一的家具组合。

家具布置与墙面的关系	靠墙布置	充分利用墙面，使室内留出更多的空间。
	垂直于墙面布置	考虑采光方向与工作面的关系，起到分隔空间的作用。
	临空布置	用于较大的空间，形成空间中的空间。

（二）不同居室的家具陈设

家具的实用性最重要，它直接决定了人们能否生活得舒适自在。精挑细选的家具、慎重考虑过的摆放位置和方式能提高居住者的生活品质；相反，不科学的设计会在很大程度上影响人们的生活方式。

1. 玄关

玄关是整个空间风格的起点，实用性和设计感同样重要。玄关一般需要承接人们的进出往来，许多人还会在这里换鞋、穿外套和最后确认妆容，因此玄关柜、玄关桌或长凳一般是玄关的首选家具，再配合鲜花、简洁实用的桌摆和可调节明暗的台灯，便能轻松打造出舒心的氛围。

半圆形的桌面配上精致的桌腿，这种玄关桌经典而怀旧，虽然没有储物空间，但它平滑圆润的造型便于人们通行，不会产生磕碰，适合较窄的通道和玄关。

2. 客厅

客厅既可以是亲朋好友畅谈团聚的地方，也可以是独自看电视、阅读的地方，因此给客厅选家具的时候最重要的是先考虑主要用途。如果业主喜欢安静地阅读，那么舒适的贵妃椅或者单人沙发再配一个小书架和阅读灯为最佳选择；如果业主喜欢看电视，那么客厅的主题就要围绕电视墙展开。选家具前要严谨地考虑一下整体平面结构图的规划，这样可以为后续工作节省大量时间和精力。

3. 餐厅

餐厅是享受美食、畅所欲言的地方，不论是颜色还是布置都应该让人觉得放松、愉悦。

4．厨房

橱柜决定了厨房的整体感觉，让厨房有别于其他房间的重要元素就是整套的橱柜，然而操作台和周边墙面的选择则能体现使用者的喜好和个性。另外，烹饪的地方需要加强照明，会提高烹饪的效率。

5．卧室

舒适的卧室是一夜好梦的保证，温馨的色彩搭配、舒适的床品、良好的通风和绿色盆栽都能增加卧室的和谐感，让人彻底放松下来。

第二节　织物的选择与布置

一、织物的种类

（一）纤维

生棉花、丝绸和涤纶等纤维是布料的最基本成分。每一种纤维都有自身的优点和缺点，如果没有满足全部设计要求的完美纤维，制造商往往会通过弯曲纤维，将那些质量最好的纤维织成高档的布料。布料的性能和外观受纤维加捻方式和数量的影响。高度加捻的产品强度和耐久性较高，但光泽较差；而稍稍加捻的长纤丝通常有很好的光泽，但稳定性较差。所以，在编织前通常的做法是将两条或更多的纱线捻成股，不仅能增加强度，而且能形成表面肌理效果。

1．天然纤维

来源于自然的纤维通常分为四类：蛋白质纤维、纤维素纤维、金属纤维和矿物纤维。

羊毛和丝绸是最重要的蛋白质或动物纤维。羊毛指的是绵羊、安哥拉山羊（称为马海毛）、骆驼和其他动物的毛。羊毛的主要优点是具有弹性、阻燃、耐磨，有良好的绝缘性，它能织成各种不同质地的织物；羊毛能染成从最浅到最深的各种颜色，还便于清洗、防尘，而且能吸收自身重量20%的水分而不感觉潮湿。羊毛的缺点是随着时间的推移颜色会变黄（特别是暴露在阳光下）、会缩水、易虫蛀。此外，羊毛很贵，而且需要专业的清洗，也可能会造成过敏。所以，羊毛主要用于住宅和商业用途的室内装饰品、地毯、窗帘和墙纸。

丝绸是一种古老的纤维，优点是漂亮，长长的纤维柔软又奢华，其强度只有尼龙可比拟；而且易染色，不易褪色，垂感很好。丝绸的缺点，主要是紫外线会折断丝绸的纤维，因此使用丝绸时要避免阳光直射。丝绸的另一个缺点是会因弄脏、虫蛀和受潮而受到损坏。丝绸和羊毛一样，价格也很昂贵。

纤维素纤维（或植物纤维）包括植物中的茎、叶和种子毛，两种最普遍的纤维素纤维是棉和麻。棉的优点是染色方便，不易褪色，易清洗，可以编织成薄的或重的布料。由于棉具有弹性，它可用于家具装饰、地毯和窗帘。棉的缺点是不如其他纤维耐用，且会缩水、发霉、褪色。棉的成本取决于纤维、编织方式和表面处理的质量。

麻由亚麻纤维加工而成，麻的优点是结实、柔韧、有光泽，耐洗，易染色，不易褪色，吸声性好。而缺点是容易缩水、褪色、质地硬、难清洗，所以麻织品普遍需要经过化学处理，效果会好些。麻主要用于家具装饰、织物、桌布和沙发套。

矿物纤维和金属纤维是从自然中存在的物质包括金属中提炼的。金属纤维包括金线、银线或铜线，它们主要用于对装饰性织物的强调。金属纤维光泽好，不变色，且耐洗。

2. 人造纤维

人造纤维是从合成化工品或经化学处理的天然产物中提炼出来的，它们与天然纤维相比，质量有所提高，更加耐用和易清理，而且耐脏、防霉和防虫。尽管人造纤维价格相差很大，但与天然纤维相比它们更加便宜。人造纤维由原始材料液化或黏液化，然后经过称为喷丝头、类似莲蓬头的小孔而形成。改变小孔的尺寸和形状则会改变纤维的特性。微纤维是一种比包括丝绸在内的所有天然纤维都细小的人造纤维。微纤维由于能制成重量轻、抗皱、抗起球的豪华幕帘而被人们所使用。人造纤维分为两类：再生纤维素纤维和合成纤维。

再生纤维素纤维是通过改变纤维素（植物和木纤维）的物理和化学特性加工而成的，如人造纤维、醋酸纤维和三醋酸纤维。合成纤维则是由化学制品和碳化合物加工形成的，如尼龙、亚克力、聚炷烯纤维、聚酯纤维、石蜡和玻璃。

（二）布料

织物艺术的历史几乎和人类的历史一样久远。虽然织布机最早的起源不太确切，但有资料显示公元前 5000 年在美索不达米亚人们已经开始使用织布机。现代制造业给纺织工业带来巨大的改变，但织法结构仍与早期文艺复兴时期使用的结构是一样的，这些简单的织法仍然是工业生产中的标准。但起源于亚洲的锦缎和织锦有更加复杂的织法，需要通过特殊的提花织布机来生产。

1. 机织织物

（1）平纹织法：平纹织法指的是单层或双层，规则或不规则的纱线通过经线（垂直的或纵向的）和纬线（水平的或交叉的）的简单交织。在平纹织法中，一条纬线从上面穿过一条经线，然后再从下面穿过另一条经线。当经线和纬线所用的纱线重量和质感不一样时，这种织法称为不规则型或不平衡型。在篮子织法中两条纬线和两条经线相互交叉，这种织法也可因纱线的重量和质感的不同而呈现不规则的形态。

（2）斜纹织法：斜纹织法是两条或更多的线从上面或从下面穿过另一组线，以规则的间隔跳线，形成斜纹效果。斜纹织法可以是规则的或不规则的，不规则的斜纹可用于装饰性的布料，如牛仔布、斜纹呢和人字呢。

（3）缎纹织法：缎纹织法是将一条经线"浮"在四条或更多的纬线上。这种经线和纬线的结合加工出的布料光泽好、柔软和悬垂性好，特别是当使用光滑的纤维，如绸缎和锦缎时，效果更明显。

（4）提花织法：提花织法需要借助复杂的穿孔程序，告诉机器哪些线要上升，哪些线要下降。有一些最常用的布料，如花缎、织锦和锦缎，就是在织布机上纺出来的。

（5）起绒织法：起绒织法是在经线、纬线之外增加第三种纱线，它们突出于布料表面打圈或成簇，圈可剪、不剪或两者混合。起绒织法可用于大量的织物。地毯工业的基本织法是经线突出表面起绒。大多数的布料是起绒织法加工而成的，包括毛巾、灯芯绒和起绒粗呢。天鹅绒最初是以这种方式进行纺织的，但现在通常是用双层布分割来起绒的。

（6）双层织法：双层织法是将两层布织在一起，通常在中间加棉。提花织布机可用来编织这种布料用于商业场所。

（7）纱罗织法：纱罗织法是一种宽松的、花边状的、由经线相互扭织的织法。纱帘、半纱帘和薄窗帘（粗织纱）都采用是纱罗织法。

2.非机织织物

（1）针织织物：针织是用毛线针将一系列的纱圈相互穿套形成织物的过程。不同针法的运用，可以形成不同图案。针织布料，无论是手工编织还是机器加工，种类很多，从宽松、开放式结构到紧密精细的网状结构，应有尽有。精美的针织布料因为良好的抗皱性、紧密适宜和便于保养的特性，可以用于很多家庭陈设。针织布料的易伸展性可通过新的加工方法加以改善。

（2）缠绕织物：纱线通过缠绕、穿套和结绳可以织成各种各样的网状结构，如网眼织物、蕾丝和流苏。缠绕织物非常复杂。

（3）网状织物：网状织物是通过加湿、加热和加压，产生具有不磨损、吸声、隔热和防冻性能良好的压缩单片，最终形成大量纤维结网而成形。

（4）黏合织物：黏合的布料是通过化学方法或加热的方法将两种布料黏合（或结合，或叠层）产生的。将一层布料黏在另一层布料底部，能使得表层布料性能稳定。但是如果不加以保养，清洗时会导致两层布料分离。黏合布料可用于家具装饰的衬布来增加稳定性。

（三）编织

现代软装饰艺术即材料的艺术，艺术家从自然与生活材料中汲取灵感，在发现材料美与表现材料美的过程中选择各种不同的制作手段进行平面或立体形象的塑造。从视觉和触觉的角度来看，软质材料的技术表现功能可以创造出与绘画、雕塑效果完全不同的造型、色彩及质地。如何选择材料，用什么样的工艺手段来表达作者的思想、愿望、追求，这需要我们对软质材料的性能及工艺特点有充分的认识和掌握。

软质材料的范畴是十分宽泛的。只要我们善于去寻找、发现，可用的各种不同质地的软质材料无处不在，甚至唾手可得。除传统壁毯常用的丝、毛等动物纤维材料外，还有棉、麻、棕、竹、藤、柳、草、纸、皮革及大量的化学合成材料、金属材料等。如此之多的软质材料，如果我们不是有意识地去挖掘，它们就会被淹没在众多材料之中以至于被视而不见。一旦我们找到并认真地观察它们，就会发现这些材料都富有各种有趣的特质：粗糙与柔细、坚硬与松软、黯淡与艳丽、吸光与反光等，都呈现着材料本身各具特色的物质特征。美术教育家陶如让先生曾感言："触摸着充满纤维材料的作品，能够让你感受到大地与物质的存在。"

具有各种迥异性能的软质材料，对视觉和情感都能产生直接影响。如棉麻与蚕丝相比，前者质地粗糙但具有厚重感，后者质地细润且具有轻柔感；羊毛与金属相比，前者质地轻软但具有温暖感，后者质地光滑且具有冰冷感。有了对材料物质的感性认识，才能使创作步入"因材施艺"或者"因艺施材"的自由天地。

（四）刺绣

刺绣是针线在织物上绣制的各种装饰图案的总称，古代称之为针绣，是用针将丝线或其他纤维、纱线以一定图案和色彩在绣料上穿刺，以缝迹构成花纹的装饰织物。它是用针和线把已设计和制作的作品添加在任何存在的织物上的一种艺术。

二、室内织物的选择

尽管材料的随意组合可能会产生非常有意思和吸引人的效果，但对经验不足的设计师来说，进行材料图案、质感和色彩选择时遵循一些常用的原则，对把握最终设计效果会很有帮助。

任何织物组合的选择必须与房间预期的感觉和主题吻合。例如，一间住宅兼工作室的现代房间宜选用清新、明亮的布料，间或用皮革进行点缀；编织的带刺绣的室内装饰布料显然不合适。一些设计师根据布料或小地毯的图案，使用一种称为色彩来源的方法对织物进行协调。这种方法相当安全，因为方案中基本的颜色已经很协调了。但是如果设计师不经过仔细考虑，室内效果就会缺少变化且乏味。选用的织物方案与室内风格应匹配。

（一）图案

图案意味着具有设计比例合适、色彩色调对比恰当、区分醒目的主题。对图案的熟练使用能掩盖缺陷，产生美观的效果。不存在绝对的以颜色"行"或"不行"来评价图案使用的好坏。但是仍有一些普遍的准则，会对设计有所帮助。

一个房间的所有图案应该相互关联。图案的色彩、质感和主题等元素相互影响，应保持设计的一致。房间的主要图案不必重复，只要将图案中的一种或多种颜色在其他地方继续重复使用即可。图案可在家具陈设、窗户和墙上重复，这取决于设计师希望达到的整体空间效果。怪异的家具可以通过遮盖一层相同的布使之统一，布的重复使用能给房间带来整体效果。在同一种设计中只使用一种大胆的图案，例如一种花的图案，通常更有效果。一旦确定空间的主题，设计师可以趣味性地补充一些柔和图案、条纹和格子纹的织物，同时增加一些素色的织物。设计师对有图案的布料进行搭配时，要考虑图案的比例和尺度。

（二）质感

设计师在具体工程项目中进行搭配织物时，织物表面的质感也是一个重要的考虑因素。了解哪些因素使布料看起来正式或非正式，这一点对成功搭配织物很有帮助。

正式布料主要是那些质感光滑、明亮，有着优雅风格和几何图案的布料，如天鹅绒、锦缎、织锦、凸花厚缎、缎子和塔夫绸，由于色彩和图案范围广泛，它们通常创造性地被运用在传统和现代室内。

非正式布料通常是那些质感较粗糙、表面不光滑的布料，例如粗麻布、帆布、席纹呢、粗花呢和毛呢。手工编织的布料是一种非正式布料。如果非正式布料印上图案，其设计会大胆、自然、抽象或具有几何感。

（三）色彩

色彩包含三部分内容：色调、明度和纯度。色调分为暖色调和冷色调，设计师可选择这些色调中的一种作为主色调。合适的色调能满足居住者的需求和喜好。选择主色调时要考虑诸如气候、空间位置与阳光的关系、业主的生活方式等要点。

布料的明度分为高等、中等和低等，大多数的布料搭配都包含这三种明度的布料。如果房间的主要布料是高明度的色彩，则小面积的陈设或设备应选用中等或低明度的色彩。一些设计师在房间的下半部分用低明度的色彩，中间部分使用中等明度的色彩，上半部分使用高明度的色彩。当然，这种方法会产生一种颠倒的非常规效果。而如果在空间内仅仅采用低明度和高明度的色彩，则会产生戏剧性效果；在空间中仅仅采用黑白色同样具有戏剧性效果。

布料的纯度分为柔和的和鲜艳的。在色彩方案中将各种纯度等级的色彩搭配运用，通常效果良好。例如，房间的主要布料采用低纯度的色彩，在一些焦点处采用高纯度的色彩，视觉效果则会很有趣味。房间内仅采用低纯度的色彩，则会沉闷单调；而如果全部采用高纯度的色彩，会令人疲劳甚至不安。

三、室内织物的运用

新布料层出不穷，室内设计师有广泛的选择织物的余地。市场上有丰富的布料，可以满足每一种品位和每一个价格范围内的装饰要求。增加改良纤维的吸引力似乎能产生大量的设计，从来自世界各地的民间图案到传统的和现代的设计，丰富多彩。以下讨论布料的主要装饰用途。

（一）窗帘

1. 打褶窗帘：打褶的布料从轻质到中等重量都有，如丝绸、古代缎子、印花棉和锦缎。布料的悬垂性较好，洗涤时不缩水，能满足房间的装饰需求。

2. 透明薄纱或半透明薄纱：薄纱能过滤阳光，柔和室内的光线，提供白天的私密性。选用的布料应该耐晒但仍能让一些光线进入室内，洗涤性能良好且不缩水。细薄织物、巴里纱、尼龙绸和雪纺绸是四种窗帘常用的布料。

3. 薄窗帘：薄窗帘通常使用比透明薄纱粗质的布，图案非常丰富。布料应该有悬垂性，防晒、洗涤性好且不缩水。纱罗织法特别有助于减少布料的变形，常用于商业环境。

4. 百叶帘：百叶帘特别有助于防止阳光对布料的损坏，且能形成统一的室外效果。腈纶和聚烃烯纤维防晒性能特别好。

5. 挂帘：重量轻、装饰性强的挂帘通常选用棉和棉涤制作。厨房和餐厅的挂帘由易洗的布料加工而成。挂帘是相对便宜的窗帘，比打褶窗帘使用的时间更短一些。

（二）家具装饰

家具装饰是在家具表面长时间地覆盖一层布料、动物皮毛或其他材料，增加美观性和舒适性，隐藏或强调家具设计，增加或赋予房间主题和格调。

1.家具装饰布料

用于家具装饰的布料应编织紧密、耐用、舒适和便于清洗。常用的有重量的布料，如马特拉塞凸纹布、粗花呢、织锦、天鹅绒、毛呢和起绒粗呢；中等重量的布料，如锦缎、凸花厚缎和帆布；轻质的布料，如印花棉布、亚麻布、手织物和波纹绸。

当选用软体家具时，布料是考虑的首要因素，因为它是个性和品位的体现。

2.家具装饰皮革

皮革因其艺术性和实用性，很久以来一直为人们所使用（特别是牛皮和猪皮）。皮革的优点是具有柔韧性和耐用性，可以将之染色或保留原色，也可压花或做成绒面革。真皮很昂贵，可用人造皮（乙烯树脂）来替代，但使用时需要小心挑选以保证恰当的雅致品质。皮革的缺点是易脏、易开裂和易撕裂。皮革可用于墙纸和地砖。

（三）沙发套

沙发套可遮掩破旧的软包家具、保护昂贵的布料、提亮或改变房间的格调。通常，沙发套仅用于住宅内。

沙发套由轻质到中等重量且编织紧密的布料加工而成。一些制造商提供用薄棉布或其他平纹织物制作的沙发套，用户可根据季节调换沙发套的软体家具。帆布、条纹棉麻布、印花棉、缎纹卡其、灯芯绒都是做沙发套的很好选择。

（四）墙布

布料可贴在墙上来增加墙体的美观或者解决墙面的装饰性问题。用于墙体的布料应编织紧密，结构结实。帆布、粗麻布、波纹绸、条纹棉麻布、厚纺棉布或麻布、棉绒、锦缎常用作墙布。在商业环境中，墙布必须遵守可燃性法规。

（五）焦点装饰

织物可以作为房间中的焦点。设计师常用装饰花边、流苏和辫饰带来增加室内的个性和特点。金银线花边（装饰花边、细绳和流苏）最初是用来隐藏接缝和钉子的，而今其功能已退化，纯粹用于装饰。

第三节 绿植的放置与设计

一、绿植的种类

（一）观赏植物

仙客来叶子呈心形、厚实、有白色的纹理，花瓣由后向上反卷，像兔子耳朵一样，花色有紫色、白色、红色、粉色等。花期从晚秋到初春，有花香。放在室内半阴凉爽的地方，或玄关、客厅都很不错。

大花惠兰一株有 3 ～ 4 个花茎，一个花茎上可开 7 ～ 15 朵花，量多花大，颜色有白色、粉红色、红色、绿色等，花期长达一两百天，多做切花材料。耐寒喜光，养在窗边光线充足处即可，是兰花中最容易生存的。

君子兰四季常青，叶呈宽带状，花茎高 25 ～ 50cm，顶端花多而密集，冬春季开花。花大叶美，果期长，是宴会、客厅、门厅和居室陈设的名贵花卉之一。喜温暖湿润、半阴通风的环境。

朱砂根是常绿灌木，高至 1m。9 月果实成熟变红，一直挂至来年花开，十分惹人喜爱。在腐殖质丰富、保水力强的土壤和稍阴处生长旺盛。

蝴蝶兰的花像蝴蝶一样，因此得名，花期为 1 ～ 3 个月。喜高温湿润，冬天要注意防寒。喜散射光，放在薄纱帘下的窗边最合适不过了。

风信子铃铛状的小花开满花茎，花色有蓝、紫、红、粉、黄、白等，芳香，花期在春季。喜凉爽光照充足的环境。可在玻璃容器中水培鳞茎，陈设于书桌、窗台、置物架等处。

（二）空气净化植物

散尾葵是最有代表性的室内大型观叶植物，可提高室内湿度，有效吸收挥发性有机化合物和祛除香烟烟雾。树形高大，在较宽敞的地方与其他植物组景，观赏效果非常好，也适合放置在客厅等室内光线较充足的地方。

绿萝有着心形叶片和匍匐茎，藤蔓可长达 10m，是喜阴植物。绿萝能吸收室内异味、甲醛、二氧化氮，在玄关或厨房等狭小光照中的空间做垂吊植物，或做水培植物，观赏效果都非常不错。

万年青生长速度快，是耐阴植物，应避免光照过强，否则叶片会发黄下垂，影响观赏价值。适合忙碌都市白领和初学者种植，可陈设于室内光线充足或半阴的任何地方。

吊兰纤长的叶片中间或两边常有白色或浅黄色条纹。吊兰具有祛除室内污染物的功效，生长旺盛，做吊篮或置于花架、隔板上都可欣赏到植株的整体美感，在半阴凉处种植，土培、水培均可。

白掌在合适的温度下一年四季都会抽出白色的花茎。耐阴性强，很适合室内种植。白掌吸收二氧化碳、丙酮、酒精、三氯乙烯、苯、甲醛的能力超强。

红掌的佛焰苞有白色、粉红色、深红色，中间是穗状花序。装饰和净化空气效果都很好，适合种植在刚装修好的房间内，应放在光线好但无直射光的位置。

二、绿植的放置

（一）客厅

作为会客、家庭团聚的场所，客厅适宜陈列色彩较大方的植株，摆放位置应该在视觉较明显区域，可表现主人的持重与好客，使客人有宾至如归的感觉，这是家庭和睦温馨的一种象征。如果是在夏季，也可以陈列清雅的花艺作品，给人增添无比的凉意。

（二）餐厅

插花以黄色配橘色、红色配白色等有助于促食欲的花色为宜，不宜选太艳丽的花朵。以鲜花为主的插花，可使人进餐时心情愉快，增加食欲。

（三）书房

插花点到为止最好，不可到处乱用，应该从总体环境气氛考虑才能称得上点睛之笔。插花也不必拘泥于以往的框框，不一定只是桌上、台上才能摆花，墙面、屋角等都可利用。但不可过于热闹抢眼，否则会分散注意力，打扰读书和学习的宁静。

（四）卧室

以单一颜色为主较好，花朵杂乱不能给人"静"的感觉，具体须视居住者的不同情况而定。中老年人的卧室，以色彩淡雅为主，赏心悦目的插花可使中老年人心情愉快；年轻人，尤其是新婚夫妇的卧室不适合色彩艳丽的插花，而淡色的一簇花可象征心无杂念、纯洁永恒的爱情。

（五）厨房

厨房一般面积较小，且是全家空气最污浊的地方，所以需要选择那些生命力顽强、体积小，并且可以净化空气的植物，如吊兰、绿萝、芦荟。摆设布置宜简不宜繁，值得注意的是，厨房不宜选用花粉太多的花，以免开花时花粉散入食物中。

（六）卫生间

浴室内湿度高，放置真花真草的盆栽十分适合，湿气能滋润植物，使之生长茂盛，为居室增添生气。

三、绿植的配置设计

在室内设计中，对于室内绿化的应用与布置往往会根据不同的场所和区域而有所变化。如在酒店宾馆的门厅、大堂、会议室、休息室、餐厅及住户的居室等不同类型的空间场所中，对室内绿化的配置均有不同的要求，也需要有不同的布置方式，主要有：①处于重要地位的中心位置，如大厅中央；②处于较为主要的关键部位，如出入口处；③处于一般的边角地带，如墙边角隅。总体而言，我们在设计时应根据不同部位，选好相应的植物品种，从平面和垂直两方面来考虑它们的布置，以充分展现植物的风姿和发挥它们的作用。

（一）重点装饰与边角点缀

把室内绿化作为主要陈设并使之成为视觉中心，以其形、色的特有魅力来吸引人们，是许多厅室常采用的布置绿植的方式。它可以布置在厅室的中央；也可以布置在室内主立面，如某些会场中、主席台的前后以及圆桌会议的中心、客厅中心；或设在走道尽端中央等，成为视觉焦点。边角点缀的布置方式更为多样，如布置在客厅中沙发的转角处、靠近角隅的餐桌旁、楼梯背部，布置在楼梯或大门出入口一侧或两侧、走道边、柱角边等部位。这种方式是介于重点布置和边角布置之间的一种形态，其重要性次于重点装饰而高于边角布置。

（二）垂直绿化

垂直绿化通常采用在天棚上悬吊的方式，在墙面支架或凸出花台放置绿化，或利用靠室内顶部设置吊柜、搁板布置绿化，也可利用每层回廊栏板布置绿化等。这样可以充分利用空间，不占地面，并造成绿色立体环境，增加绿化的体量和氛围，并通过成片垂下的枝叶组成似隔非隔、虚无缥缈的美妙情景。

（三）沿窗布置绿化

靠窗布置绿化，能使植物接受更多的日照，并形成室内绿色景观。可以做成花槽或选取在低台上放置小型盆栽等方式。

第四章 室内设计色彩搭配的要素

第一节 色彩与室内设计

一、色彩的物理知识

（一）光与色

自然界向人们展现着绚丽的色彩，而这缤纷的大自然和千变万化的物象色彩，是由于有光照射，才成为可能。凭借光，人们得以见到自然界中各类物象的色彩，获得对客观世界的认识；如果没有光，人们就如同置身于黑暗的世界。所以，没有光就没有色彩，光是色彩的起因，色彩是光照射的结果。光产生了色，色产生了形。如果光一旦消失，色与形在人们的视线里也会消失。

17 世纪英国物理学家牛顿用三棱镜做了历史上著名的光的分解实验，太阳光经过三棱镜分解为红、橙、黄、绿、青、蓝、紫七种颜色。光是以波的形式传播的，它的物理性质取决于振幅和波长。光波振动的幅度称振幅，即光量。振幅大小决定了光的明暗。振幅越大，光量越强；振幅越小，光量越弱。波长大小决定了光的色相，波长单一，可见光色便单纯鲜亮；波长混杂，可见光的纯度就低。因此，色彩的变化是由可见光的振幅和波长不同引起的。

光是色的源泉，不过日常生活中接触到的绝大多数物体都是非发光物体，但它们常以一定的颜色呈现，这是因这些物体对光有选择地吸收、反射或透射而引起的。

（二）三原色、间色、复色

原色亦称第一次色，是指能混合成其他一切色彩，而其自身又不能由别的色彩混合产生的红、黄、蓝三个基本色。具体地讲，在实际应用中，红是曙红，黄是柠檬黄，蓝是湖蓝。

间色是由两种原色混合而成的，亦称第二次色。比如，红＋黄＝橙，黄＋蓝＝绿，蓝＋红＝紫，在此，橙、绿、紫称为间色。

复色又称第三次色，两间色相加即为复色。例如，橙＋绿＝橙绿，橙＋紫＝橙紫，紫＋绿＝紫绿。

（三）色彩的三要素

色彩的三要素即色彩的明度、纯度及色相。色彩的三要素是色彩的生命，就像阳光、空气和水对于人类一样。

色彩的色相是指每一种彩色固有的相貌，亦称色别，主要是指各种颜色的相貌和彼此间的区别。

色彩的明度指色彩的明亮程度。物体在光的照射下，受光的部分颜色浅，明度高；逆光的部分颜色深，明度低。以绘画颜色料来说，在同一种颜色中，加入黑色则颜色深，明度就低；加入白色颜色浅，明度就高。

色彩的纯度也称为色度或饱和度，指颜色的鲜艳程度。其中所含彩色成分的多少，即颜色的纯粹程度。

（四）色彩的认识与发展

人类对色彩的感知同历史发展一样，是一个相当漫长的过程，而人们有意识地应用色彩则是从原始人用固体或液体颜料涂抹面部与躯干开始的。从广义上讲，色彩是指波长在380～780纳米的可见光在人的大脑中形成的色彩印象和判断，它包含了一切人们能感知到的色彩现象——色光色与颜料色。

色光三原色，又称加法三原色，由红光、绿光、蓝光三种光色构成，三种等量混合可以获得白色，可应用在电视、电脑等影视图像显示上。颜料三原色，又称减法三原色，由品红、黄、蓝三种颜色组成，可以混合出所有的颜色，等量相加则为黑色。从狭义上讲，色彩主要是指颜料色。

二、室内设计的兴起

（一）室内设计的要素

室内设计是根据建筑物的使用性质、所处环境和相应标准，运用物质技术手段和建筑设计原理，创造功能合理、舒适优美、满足人们物质和精神生活需要的室内环境。

室内设计泛指能够实际在室内建立的任何相关物件，包括墙、窗户、窗帘、门、表面处理、材质、灯光、空调、水电、环境控制系统、视听设备、家具与装饰品的规划。

纵观室内设计从事的工作，包括了艺术和技术两个方面。室内设计就是为特定的室内环境提供整体的、富有创造性的解决方案，包括概念设计、运用美学和技术上的办法以达到预期的效果。"特定的室内环境"是指一个特殊的、有特定目的和用途的成形空间。简单地说，室内设计就是对建筑物内部空间的围合面以及内含物进行研究和设计。

（二）我国室内设计的发展

中国古代的建筑以独特的风姿傲立于世界建筑史中，在一定程度上影响了世界建筑的发展。室内设计作为建筑中的重要组成部分，一直伴随着建筑的发展而不断发展

（三）色彩在室内设计中的发展

色彩作为室内环境的主体要素，是室内设计中的重要手段。色彩决定了空间的审美和个性，是人类精神追求的一种形式。室内设计色彩与室内的空间界面以及材料、质地紧密地联系在一起，是室内空间色彩要素的综合表现。在生活中，色彩有着审美作用，能够对室内空间以及室内氛围进行调节。色彩作用于人的心理和生理，能对人的情绪产生影响，甚至会对人的行为以及生产和活动产生影响。优秀的室内设计色彩不仅能够改善空间效果，还能提高人的活动效率。

人的一生有相当长的时间是在室内度过的，色彩设计的好坏，决定着整个室内环境空间设计的优劣，进而影响人们的生产和生活。随着我国经济社会的发展与改革开放的继续，人们的眼界逐渐开阔，对生存和消费环境的要求也越来越高。观念的更新、装饰材料种类的增多、室内设计行业的兴起，使得室内环境的色彩得到了极大的丰富和发展。

三、色彩的类别

（一）有彩色系与无彩色系

有彩色系指红、橙、黄、绿、青、蓝、紫等颜色，有彩色系的颜色具有三个基本属性，即色相、明度与纯度。无彩色系是指白色、黑色以及由白色或黑色调和形成的各种深浅不同的灰色。无彩色系的颜色只有明度一个属性。

（二）冷色与暖色

将冷、暖这种温度的感觉同视觉领域的色彩感觉联系在一起，不是指物理上的实际温度感觉，而是指视觉上和心理上相互体验并相互关联的一种知觉效应。暖色亦称为前进色、膨胀色，冷色亦称为后退色、收缩色。

（三）类似色与同类色

在色轮上90°角以内相邻接的色，称为"类似色"。一种原色与含有这种原色成分的间色互相构成类似色关系。如：

红—橙　　黄—橙　　蓝—绿

红—紫　　黄—绿　　蓝—紫

同类色就是把某种颜色，渐次加白配成明调，或渐次加黑配成暗调，或渐次加进不同深浅的灰色配成含灰调，如黄、浅黄，蓝、浅蓝、深蓝。同类色是一种最单纯的色彩关系。

（四）对比色与补色

在色轮上150°角左右相对排列的色彩，称为对比色。如：

橙—绿　　绿—紫　　红—蓝绿

对比色的配色，对比强烈，鲜明明快，彼此间互相衬托。

在色轮上180°角对色的两色间的对比即为补色。如红与绿、黄与紫、橙与蓝。补色在色彩的实际运用中起到非常重要的作用，相互配色的感觉更加强烈。

四、色彩的混合

（一）加色混合

加色混合是指色光的混合。当不同的色光同时照射在一起时，能产生另外一种新的色光，并随着不同色混合量的增加，混合光的明度会逐渐提高，将红、绿、蓝（紫）三种不同的色光分别做适当比例的混合，能得到其他不同的色光。反之，其他色光无法混合出这三种色光来，故称其为色光的三原色。

$$红光 + 绿光 = 蓝光$$

$$绿光 + 蓝光 = 青光$$

$$蓝光 + 红光 = 紫光$$

色光混合主要应用于人造光媒体，如建筑灯光设计、环境灯光设计以及电子媒体和数字媒体设计等。

如果只通过两种色光混合就产生白色光，那么这两种光就互为补色光。例如，红色光与青色光，绿色光与紫色光，黄光与蓝色光。

（二）减色混合

色料和色光是截然不同的物质，所以色料的混合与色光的混合也截然不同。颜料三原色的混合，亦称为减色混合，是光线的减少。两色混合后，光度低于两色。各自原来的光度，混合色越多，被吸收的光线越多，就越接近于黑，所以调配次数越多，纯度越低，越是失去它的鲜明性。三种原色颜料的混合，在理论上应该为黑色，实际上是一种纯度极差的黑浊色，也可以认为是光度极低的深灰色。

（三）中性混合

中性混合亦称空间混合。将两种或多种颜色并置于一定的视觉空间之外，能在人眼中造成混合的效果，故称空间混合。其实颜色本身没有真正混合，它们不是发光体，只是反射光的混合。

中性混合是基于人的视觉生理特征所产生的视觉色彩混合，而色光或发光材料本身并没有发生变化，混合效果既不增加也不减低，所以称为中性混合。

（四）互补色、类似色、邻近色

色轮中穿过中心点的直线相对应的两种色相就为互补色。一对补色由间色与其对应的原色组成（如蓝与橙），或由两种复色组成（如黄绿和红紫）。一对补色中，一种色相为暖色，而另一种为冷色。有的明度对比很强烈，如黄色和紫色；有的明度十分靠近，难以区别，如红色与绿色。

三原色中，两种原色混合产生的间色与第三种原色为互补色关系。如，原黄色与原蓝色混合成的间紫色为补色关系。也就是说，绿是红的补色，紫是黄的补色，橙是蓝的补色，反之亦然。补色关系中最主要的三对就是红与绿、黄与紫、蓝与橙。

如果将六个标准色的色相环引申为十二色相环，就能发现不仅以上三对色相是互补关系，而且在它们任意一对的对角线90°以内都是补色关系，如红与黄绿、绿、蓝绿，其余可类推。这种现象亦称为次补色现象。由于它们之间都有对方的一定元素，所以次补色比纯补色更为丰富，并且扩张了中性色的冷暖色调的范围。简单来说，凡色相环上的对角线两端的色相均为补色。由色光和颜料搭配成的补色也称为物理补色。

色彩的互补与色彩的冷暖是色彩领域里的核心内容。颜色的互补关系就是光谱中相对应的色相对比关系。如果将对应的色相不同程度地混入相应的其他色相，使其变淡或变浓，便会得到很多不同程度和纯度的微妙关系。

色彩互补的客观规律，在自然界里是普遍存在的。在蓝紫色的天空飘着白中带黄的云彩，夕阳照射在白墙上，墙的受光面偏橙，而背光面偏蓝。同样，人的视觉适应度也需要色彩互补关系来平衡。如当人的眼睛盯着红色的物象，然后突然把视线转向其他物象，会感觉到该物象带有绿色倾向。这是因为某部分视觉神经受刺激后产生疲劳感，而另一部分未被刺激的视觉神经起到平衡作用的结果。从视觉生理上来讲，这种现象就是视觉残像，亦称生理补色。

设计色彩中的互补色，一般都有补色含义，即补色依然是对比色，但对比色不一定是补色。如黑与白是对比色，但不是补色。补色并列时相互排斥，对比强烈，色彩跳跃，效果鲜明，视觉冲击力强。补色的这些特点，运用得好，会更生动地体现作者的意图，相反则会使画面产生"硬"和"燥"的感觉，显得极为不和谐。

两种互补色相按等比相混后可得到一种中性色，也就是说它们既不偏向于原色，也不偏向间色（中间黑灰色），但这种黑灰色是有彩的灰色，而不同于黑白两色颜料相混后所得到的中性灰，这是因为互补色颜料混合所形成的中性灰是由无数细小的互补色合成的。用赫林的色彩对立学说可解释为：这些微粒对人视网膜中视锥细胞的补色感光视素（红与绿或蓝与黄）所做空间混合的感知结果。而黑白两色颜料相混所得的中性灰中的黑白微粒，只对人眼的视锥细胞中的黑与白色素产生作用，因此两者是有区别的。

类似色是指色相环上40°左右的色相，如柠檬黄、淡黄、中黄等。它们均拥有黄色的主导色素，只不过相互之间存在细微的冷暖差别而已。类似色的特点在于色相对比弱，易调和，但若运用得不好，则会产生单调感。

邻近色是指色相环上0°与45°～90°的色相，如橙红与中黄、紫罗兰与大红等。邻近色是比较中性的色彩，在调和中有对比，对比中有调和。因为橙红色中包含着黄色色素。而黄色中则含有红色色素，以此类推，凡邻近色中均含有不同比例的共同色素成分。

五、色彩的生理特点

（一）色彩的视知觉

由于视觉的构造和空气等因素的影响，色彩会形成不同的空间感受。人们感受色彩是靠眼睛实现的。光是通过刺激瞳孔到达视网膜，视网膜上有大量的视神经，它们会吸收光线。视神经受到光线刺激，会转化为神经冲动，通过神经纤维，将信息传达到大脑的视觉中枢，产生色彩的感觉。

1.红色

在可见光谱中红色光波最长，处于可见长波的极限附近，它容易引起注意、兴奋、激动、紧张，但眼睛不适应红色色光的刺激，可它善于分辨红色光波的细微变化。因此红色光很容易造成视觉疲劳，严重的时候还会给人造成难以忍受的精神折磨。

红色光由于波长最长，穿透空气时形成的折射角度最小，在视网膜上成像的位置最深，给视觉以逼近的扩张感，被称为前进色。

在自然界中，芳香艳丽的鲜花、丰硕甜美的果实和新鲜美味的肉类食品都呈现出动人的红色。因此，在生活中，人们习惯以红色为兴奋与欢乐的象征，将其广泛应用于标志、旗帜、宣传手册等方面。红色成为最有力的宣传色，若装潢商品便成为畅销的销售色。

但火焰鲜血，这样的红色又被看成危险的象征色。因此，人们也将红色用作预警或报警的信号色。

总之，红色是一个有强烈而复杂的心理作用的色彩，一定要慎重使用。

2.黄色

黄色光的光感最强，给人以光明、辉煌、轻快、纯净的印象。

在自然界中，蜡梅、迎春、秋菊。油茶花、向日葵等，都是美丽娇嫩的黄色，在视觉上给人以美的享受。

在中国古代，帝王的服饰以辉煌的黄色为主色；家具、宫殿与庙宇的色彩都相应地加强了黄色，给人以崇高、智慧、神秘、华贵、威严感。

但黄色容易让人觉得轻薄、软弱。黄色物体在黄色光照下有失色的现象，故植物呈灰黄色，就被看作病态；天色昏黄，便预告着风沙、冰雹或大雪。因此，黄色有象征酸涩、病态和反常的一面。

3.橙色

橙色又称橘黄或橘色。在自然界中，橙柚、玉米、鲜花、果实、霞光、灯彩都有丰富的橙色。因其具有明亮、华丽、健康、兴奋、温暖、欢乐、辉煌以及容易动人的色感，所以妇女们喜欢以此色作为装饰色。

橙色在空气中的穿透力仅次于红色，而色感较红色更暖，最鲜明的橙色应该是色彩中感受最暖的色，能给人以庄严、尊贵、神秘等感觉，所以基本上属于心理色彩。历史上许多权贵都用此色装点自己，现代社会橙色往往被用作标志色和宣传色。但橙色容易造成视觉疲劳。

4.绿色

太阳投射到地球的光线中绿色光占50％以上，由于绿色光在可见光谱中的波长恰居中位，色光的感应处于"中庸之道"，因此人的视觉对绿色光波长的微差分辨能力最强，也最能适应绿色光的刺激。所以，人们把绿色作为和平的象征、生命的象征。

在自然界中，植物大多呈绿色，人们称绿色为生命之色，并把它作为农业、林业、畜牧业的象征色。由于绿色体的生物和其他生物一样，具有诞生、发育、成长、成熟、衰老到死亡的过程，这就使绿色出现各个不同阶段的变化，因此黄绿、嫩绿、淡绿就象征着春天和农作物稚嫩、生长、青春与旺盛的生命力；艳绿、盛绿、浓绿象征着夏天和农作物的茂盛、健壮与成熟；灰绿、土绿、褐绿便意味着秋冬和农作物的成熟、衰老。

5. 蓝色

在可见光谱中，蓝色光的波长短于绿色光，而比紫色光略长些，穿透空气时形成的折射角度大，在空气中辐射的直线距离短。每天早上与傍晚，太阳的光线必须穿越比中午厚三倍的大气层才能到达地面，其中蓝紫光早已折射，能达到地面的只是红黄光。所以早晚能看见的太阳是红黄色的，只有在高山、远山、地平线附近，才是蓝色的。它在视网膜上成像的位置最浅。如果红橙色被看作前进色，那么蓝色就应是后退的远渐色。

蓝色的所在，往往是人类所知甚少的地方，如宇宙和深海。古代人认为那是天神水怪的住所，令人感到神秘莫测。现代人把蓝色作为科学探讨的领域。因此蓝色就成为现代科学的象征色，它给人以冷静、沉思、智慧和征服自然的力量。

6. 紫色

在可见光谱中，紫色光的波长最短，尤其是看不见的紫外线更是如此。因此，眼睛对紫色光细微变化的分辨力很弱，容易引起疲劳。通常紫色给人以高贵、优越、幽雅、流动、不安等感觉。例如，灰暗的紫色被认为是伤痛、疾病的颜色，容易造成心理上的忧郁、痛苦和不安；浅紫色容易让人联想到鱼胆的苦涩和内脏的腐败；而明亮的紫色好像天上的霞光、原野上的鲜花、情人的眼睛，能动人心神，使人感到美好，因而常用来象征男女间的爱情。

7. 土色

土色指土红、土黄、土绿、赭石、熟褐一类，是一种可见光谱上没有的混合色。

土色是土地和岩石的颜色，具有浓厚、博大、坚实稳定、沉着、恒久、保守、寂寞等意境。土色也是动物皮毛的色泽，具有厚实、温暖、防寒之感。它们近似劳动者与运动员的肤色，因此具有象征刚劲、健美的特点。土色还是很多坚果成熟的色彩，显得充实、饱满肥美，给人类以温饱、朴素、实惠的印象。

8. 白色

白色是全部可见光均匀混合而成的，称为全色光，是光明的象征色。白色明亮、干净、畅快、朴素、雅致与贞洁。但它没有强烈的个性，不能引起味觉的联想，因为它表示清洁可口，只是单一的白色不会引起食欲而已。

9. 黑色

从理论上看，黑色即无光无色之色。在生活中，只要光明或物体反射光的能力弱，都会呈现出黑色的面貌。

无光对人们的心理影响可分为两大类：

一是消极类。例如漆黑之夜及漆黑的地方，人们会有失去方向、失去办法和阴森、烦恼、忧伤、消极、沉睡、悲痛的感觉。所以，在欧美都把黑色视为丧色，近代我国受到西方的影响，城市已开始用黑纱圈代替白色丧服了。

二是积极类。黑色使人得到休息、安静、深思、坚持、准备、考验，显得严肃、庄重、坚毅。

在两类之间，黑色还具有使人捉摸不定、阴谋、耐脏、掩盖污染的印象，黑色不可能引起食欲，也不可能产生明快、清新、干净的印象。

但是，黑色与其他色彩组合时，属于极好的衬托色，可以充分显示其他色彩的光感与色感。黑白组合，光感最强、最朴素、最分明。

在白纸上印黑字，对比极为分明，黑线条极细，结构很均匀，对比效果不仅不刺激，而且很和谐，能提高阅读效率。

10. 灰色

灰色原意是灰尘的颜色。从光学上看，它居于白色与黑色之间，居中等明度，属无彩度及低彩度的色彩。

从生理上看，它对眼睛的刺激适中，既不眩目，也不暗淡，属于视觉最不容易感到疲劳的颜色。因此，视觉以及心理对它的反应平淡、乏味，甚至沉闷、寂寞、颓废，具有抑制情绪的作用。

在生活中，灰色与含灰色数量极大，变化极丰富。但灰色是复杂的颜色，漂亮的灰色常常要优质的原料精心配制才能生产出来，而且需要有较高文化艺术知识与审美能力的人，才乐于欣赏。因此，灰色也能给人以高雅、精致、含蓄、耐人寻味的印象。

（二）色彩的表情

色彩本身是没有灵魂的，它只是一种物理现象，但人们却能感受到色彩的情感，这是因为人们长期生活在一个色彩的世界中，积累着许多视觉经验，一旦知觉经验与外来色彩刺激发生一定的呼应时，就会在人的心理上引某种情绪。

无论是有彩色还是无彩色，都有各自的表情特征。每一种色相，当它的纯度和明度发生变化，或者处于不同的颜色搭配关系时，颜色的表情也就随之变化。因此，要想说出各种颜色的表情特征，就像说出世界上每个人的性格特征那样困难，然而对典型的性格做些描述，总还是有趣并可能的。

色彩的表情在更多的情况下是通过对比来表达的，有时色彩的对比五彩斑斓、耀眼夺目，显得很华丽，有时对比在纯度上含蓄、明度上稳重，又显得朴实无华。创造什么样的色彩才能表达所需要的感情，完全依赖于自己的感觉、经验以及想象力，没有什么固定的格式。

（三）色彩的联想

所有的设计和色彩都有密切的关系，当人们看到色彩时常常会联想起与该色相联系的色彩，这种联想就是色彩的联想。色彩的联想是通过过去的经验、记忆或知识而取得的。

色彩的联想可分为具体的联想与抽象的联想。

具体的联想：

红色：联想到火、血、东方、太阳……

橙色：联想到灯光、柑橘、食品、秋叶……

黄色：联想到光、柠檬、黄金、迎春花……

绿色：联想到草地、树叶、禾苗……

蓝色：联想到大海、天空、水……

紫色：联想到丁香花、葡萄、茄子……

黑色：联想到夜晚、墨、炭、煤……

白色：联想到白云、白糖、面粉、雪……

灰色：联想到乌云、草木灰、树皮……

抽象的联想：

红色：联想到热情、吉祥、危险、活力……

橙色：联想到温暖、欢喜、热情……

黄色：联想到光明、希望、快活、发展、平凡……

绿色：联想到和平、安全、生长、新鲜……

蓝色：联想到平静、悠久、理智、深远……

紫色：联想到优雅、高贵、庄重、神秘……

黑色：联想到严肃、刚健、恐怖、死亡……

白色：联想到纯洁、神圣、清净、光明……

灰色：联想到平凡、失意、谦逊……

这些色彩的联想经多次反复，几乎固定了它们专有的表情，于是该色就变成了该事物的象征。

以下通过色彩的三属性看人对色彩的基本感觉和反映。

对色相的感觉和反映：

暖色系：具有温暖活力、喜悦、甜熟、热情、积极、活动、华美等感觉。

中性色系：具有温和、安静、平凡、可爱等感觉。

冷色系：具有寒冷、消极、沉着、深远、理智、休息、幽静、素净等感觉。

对明度的感觉和反映：

高明度：具有轻快、明朗、清爽、单薄、软弱、优美、女性化等感觉。中明度：具有无个性、附属性、随和、保守等感觉。

低明度：具有厚重、阴暗、压抑、硬、迟钝、安定、性、男性化等感觉。

对纯度的感觉和反映：

高纯度：具有鲜艳、刺激、新鲜、活泼、积极性、热闹、有力量等感觉。

中纯度：具有日常的、中庸的、稳健、文雅等感觉。

低纯度：具有无刺激、陈旧、寂寞、老成、消极性、无力量、朴素等感觉。

（四）色彩的错觉与幻觉

物象是客观存在的，但人的视觉现象则并非完全客观的，在很大程度上主观也起着作用，当人的大脑神经系统在对外界物象的刺激进行分析综合发生困难时，就会产生错觉。当前知觉与过去经验发生矛盾时，就会引起幻觉。

色彩错觉是指在视物过程中主观感受到的色彩与实物不一致。当人的大脑皮层对外界刺激物进行分析、综合发生困难时就会造成错觉，造成这种错觉的原因是色彩的对比，是在对比过程中知觉与过去的经验发生了矛盾。

1. 前进和后退

色彩的前进感和后退感又叫色彩的远近感，这种感觉的产生跟色彩的色相、纯度、明度、面积等多种因素有关。在几种色彩相混合的平面中，人们常感觉它处于一个跃动的立体中：有的颜色突出，有前倾趋势；有的颜色则使人感到隐退。这是色彩在相互对比中给人的一种心理错觉。

一般来说，在等距离条件下，红、黄、橙这类暖色会使人感到距离缩小，有前进感；而蓝、绿、紫这类冷色则让人感觉到距离扩大，有后退感。有实验证明，当人眼到物体表面的距离为100cm时，前进量最大的红色表面可以"前进"4.5cm，后退量最大的青色表面可以"后退"2cm。

2. 膨胀与收缩

将面积、形状、背景色相同的物体放置在一起的时候，由于色相的不同，就会形成面积或体积大小不同的感受。法国国旗红、白、蓝三色的比例关系为35：33：37，而人们却感觉三种颜色面积相等。究竟是什么原因呢？

这是因为当各种不同波长的光通过眼睛水晶体时聚焦点并不完全在视网膜的一个平面上，因此在视网膜上的影像的清晰度不同。波长长的暖色影响聚焦的准确性，因此在视网膜上形成的影像模糊不清，具有扩散性；波长短的冷色影像就比较清晰，具有收缩性。所以，当我们凝视红色时，会有眩晕感，物象模糊不清而且有向外扩张的感觉。当我们改看群青色，就没有这种现象了。那么如果我们将红色与蓝色对照，由于色彩同时对比作用，其面积错失现象就会更加明显。

色彩的膨胀、收缩感不仅与波长有关，还与明度有关。由于"球面像差"物理原理，光亮的物体在视网膜上的成像似乎被一个光圈环绕着，使物体在视网膜上的影响轮廓扩大了，看起来就觉得比实物大一些，如通电发亮的电灯钨丝要比通电前的钨丝粗得多，生理物理学上称这种现象为"光渗"现象。比如宽度相同的黑白条纹布，白纹看上去比黑纹宽；同样大小黑白方格布，白方格要比黑方格略大些。

暖色、高明度，具有扩张感；冷色、低明度，具有收缩感。

六、色立体

所谓色立体，即一种把色彩的三属性有系统地排列组合成一个立体形状的色彩结构。色立体对于整体色彩的整理、分类、表示、记述以及色彩的观察、表达及有效应用，都有很大的帮助。色立体的基本结构，即以明度阶段为中心垂直轴，往上明度渐高，以白色为顶点；往下明度渐低，直到黑色为止。由明度轴向外做出水平方向的彩度阶段，越接近明度轴，彩度越低；越远离明度轴，彩度越高。把不同明度的黑、白、灰按上白、下黑中间为不同明度的灰，等差秩序排列起来，可以构成明度序列；把不同色相的高纯度色彩按红、橙、黄、绿、蓝、紫、紫红等连接起来构成色相环；把每个色相中不同纯度的色彩，外面为纯色，向内纯度降低，按等差纯度排列起来，可得各色相的纯度序列。

（一）孟塞尔色立体

孟塞尔是美国的色彩学家，长期从事美术教育工作。他出版的最新版本颜色图册包括两套样品，一套有光泽，另一套无光泽。有光泽色谱共包括 1450 块颜色，附有一套黑白的 37 块中性灰色；无光泽色谱有 1150 块颜色，附有 32 块中性灰色，每块大约 1.8cm×2.1cm。孟氏色谱是从心理学的角度，根据颜色的视知觉特点制定的标色系统。目前国际上普遍采用该标色系统作为颜色的分类和标定的办法。

（二）奥斯特瓦德色立体

奥斯特瓦德色立体是由德国科学家、伟大的色彩学家奥斯特瓦德创造的。他的色彩研究涉及的范围极广，创造的色彩体系不需要很复杂的光学测定，就能够把所指定的色彩符号化，为美术家的实际应用提供了工具。

奥斯特瓦德色立体的色相环，是以赫林的生理四原色，即黄、蓝、红、绿为基础，将四色分别放在圆周的四个等分点上，成为两组补色对。然后再在两色中间依次增加橙、青绿、紫、黄绿四色相，总共八色相，然后每一色相再分为三色相，成为二十四色相的色相环。

色相顺序顺时针为黄、橙、红、紫、蓝、蓝绿、绿、黄绿。取色相环上相对的两色在回旋板上回旋成为灰色，所以相对的两色为互补色，并把二十四色相的同色相三角形按色环的顺序排列成一个复圆锥体，就是奥斯特瓦德色立体。色彩对人的头脑和精神的影响力是客观存在的，色彩的知觉力、色彩的辨别力、色彩的象征力与感情都是色彩心理学上的重要问题。

（三）PCCS色立体

日本PCCS色彩系统是日本色彩研究所研制的，1965年正式发表。它的色立体模型、色彩明度及纯度的表示方法与孟塞尔色彩系相似，但分割的比例和级数不同；也吸收了奥斯特瓦德色彩体系的一些特点。它的最大特点是将色彩综合成色相与色调两种观念来构成各种不同的色调系列，便于色彩的各种搭配。它注重色彩设计的应用，更多表现为一种实用的配色工具。日本PCCS色相环由24个色相组成。为了保持色相环上的色相差均匀，经过色相环直径两端相隔180度的色相并非绝对补色。

第二节 色彩的基本属性

一、色相

（一）色相与色相环

色相，即红、橙、黄、绿、青、蓝、紫等各种颜色的相貌称谓。色相是色彩的首要特征，是区别各种不同色彩的最准确的标准。除了黑、白、灰之外，任何颜色都有色相的属性。色相是由原色、间色和复色构成的。

色相环是一种圆形排列的色相光谱，色彩是按照光谱在自然中出现的顺序（光谱顺序：红、橙红、黄橙、黄、黄绿、绿、绿蓝、蓝绿、蓝、蓝紫、紫）来排列的。暖色位于包含红色和黄色在内的半圆之内，冷色则在包含蓝绿色和紫色的半圆内，互补色则出现在彼此相对的位置上。

色彩可以分为有彩色和无彩色，色相环中的色彩就属于有彩色。无彩色就是黑与白，以及不同程度的灰。无彩色可以与任一颜色搭配。

1. 原色

红、黄、蓝三种颜色无法用其他任何颜色调配而成，故称为原色。

2. 间色

指两个原色相混合所产生的颜色，如橙、绿、紫（红＋黄＝橙、黄＋蓝＝绿、红＋蓝＝紫）。

3. 复色

复色是由三种原色或两种间色按不同比例混合调配出来的各种不同颜色。如蓝灰、黄灰、绿灰等。

（二）色相对比

色相环上任何两种颜色或多种颜色并置在一起时，在比较中呈现色相的差异，从而形成的对比现象，称为色相对比。根据色相对比的强弱可分为：同一色相对比在色相环上的色相距离角度是 $0°$；邻近色相在色相环上相距 $15°\sim30°$；类似色相对比在 $60°$ 以内；中差色相对比在 $90°$ 以内；对比色在 $120°$ 以内；补色相对比在 $180°$ 以内；全彩色对比范围包括 $360°$ 色相环。任何一个色相都可以自为主色，组成同类、邻近、对比或互补色相对比。

同类色相对比是同一色相里的不同明度与纯度色彩的对比。这种色相的同一，不但不是各种色相的对比因素，而是色相调和的因素，也是把对比中的各色统一起来的纽带。因此，这样的色相对比，色相感就显得单纯、柔和、协调，无论总的色相倾向是否鲜明，调子都很容易统一调和。这种对比方法比较容易为初学者掌握。仅仅改变一下色相，就会使总色调改观。这类调子和稍强的色相对比调子结合在一起时，则感到高雅、文静，相反则感到单调、平淡而无力。

邻近色相对比的色相感，要比同类色相对比明显、丰富、活泼，可稍稍弥补同类色相对比的不足，可保持统一、协调、单纯、雅致、柔和、耐看等优点。当各种类型的色相对比的色放在一起时，同类色相及邻近色相对比，均能保持其明确的色相倾向与统一的色相特征。这种效果则显得更鲜明，更完整，更容易被看见。这时，色调的冷暖效果就显得更有力量。

对比色相对比的色相感，要比邻近色相对比鲜明、强烈、饱满、丰富，容易使人兴奋激动和造成视觉以及精神的疲劳。这类色彩的组织比较复杂，统一的工作也比较难做。它不容易单调，而容易产生杂乱和过分刺激，造成倾向性不强，缺乏鲜明的个性。

互补色相对比的色相感，要比对比色相对比更完整、更丰富、更强烈、更富有刺激性。对比色相对比会觉得单调、不能适应视觉的全色相刺激的习惯要求，互补色相对比就能满足这一要求，但它的短处是不安定、不协调、过分刺激，有一种幼稚、原始和粗俗的感觉。要把互补色相对比组织得倾向鲜明、统一与调和。

地板、餐桌以及窗帘属于大面积的邻近色对比，具有统一、和谐、舒适的视觉效果，同时，白色的搭配也减轻了视觉上的沉闷感。

浅蓝色与深蓝色为同类色对比，能塑造出和谐、统一的视觉效果；红色和蓝色为对比色，能提高空间内的活跃感。大面积采用蓝色，小面积采用红色，可调节刺激感，避免视觉及精神疲劳。

（三）暖色、冷色与无彩色

对于大多数非专业人士来说，用色相分类来建立色彩印象是比较困难的，更多时候，人们选择用冷色和暖色来进行区分，因为通过冷色或暖色来作为基调很容易掌握整体的环境氛围，不易出错。

色相环上所有的色彩中，绿色与紫红色属于中性色，中性色左侧的为冷色，右侧的为暖色。黑、白、灰属于无彩色，可以与色相环上的任何颜色相调配。

暖色位于包含红色和黄色在内的半圆之内，冷色则在包含蓝绿色和紫色的半圆内，互补色则出现在彼此相对的位置上。

红色的地毯，浅黄色的墙面与原木色的地板，形成了强烈的对比，加以米色系的床具和家纺，能塑造出温馨的氛围。

以深蓝色为主色，搭配深绿色与浅褐色，并以白色作为背景色，能呈现出高雅、清爽的空间氛围。同时，小面积的浅褐色能平衡空间的冷暖。

无彩色拥有强大的容纳量，它们可以与任何色调进行搭配，无彩色的搭配可以烘托出强烈的时尚感，个性且经典。

二、明度

色彩明度是指色彩的亮度或明度，即人们常说的明与暗。颜色有深浅、明暗的变化。色彩的明度变化有三种情况：一是不同色相间的明度变化，例如，在没有调配过的原色中，黄色的明度最高，紫色的明度最低；二是在同一颜色中，加入白色则明度升高，加入黑色则明度变暗，但同时这种颜色的饱和度（纯度）就会降低；三是在相同颜色的情况下，因光线照射的强度会产生不同的明暗变化。在无彩色中，白色明度最高，黑色明度最低。在有彩色中，黄色明度最高，蓝紫色明度最低。亮度具有较强的对比性，它的明暗关系只有在对比中才能显现出来。

明度低的沙发，给人厚重结实的视觉效果，显得有档次；明度高的沙发，给人轻盈纯洁的视觉效果，显得雅致平和。

高明度的色彩让人感到活泼、轻快，低明度的色彩则会给人沉稳、厚重的感觉。明度差较小的色彩搭配在一起，可以塑造出优雅、自然的空间氛围，使人感到温馨、舒适。明度差较大的色彩搭配在一起，则会产生活力、明快的空间氛围。人眼对明度的对比最敏感，明度对比对视觉影响力也最大、最基本。将不同明度的两个色并置在一起时，便会产生明的更明、暗的更暗的色彩现象。

明度差异较大的不同色彩搭配在一起更具备视觉冲击力，活力十足具有动感。黄色属于高明度的色彩，与灰色、灰蓝色搭配在一起，能给人十分明快的感觉。

在色差较大的情况下，若明度能够靠近，那么整体的配色会给人安定、平稳的感觉。明度差过小，且色相也相差很小的配色，会使得整个空间过于平稳，长久接触会使人乏味，可以通过增大色相差来避免色彩的单调。要学会明度差和色彩差的综合运用，如果明度差过大，则减小色相差，避免过于凸显导致的混乱。

过于强烈的等面积明度对比会产生非常刺激的视觉效果，短期接触会让人耳目一新，若是长期接触则会产生心理负担，进而影响到生理状态。

三、纯度

纯度就是色彩的鲜艳度。从科学的角度看，一种颜色的鲜艳度取决于这一色相发射光的单一程度。人的肉眼能辨别的有单色光特征的色，都具有一定的鲜艳度。不同的色相不仅明度不同，纯度也不相同，越鲜艳的颜色纯度越高。纯度的强弱是指色相的感觉明确或含糊的程度，高纯度的颜色加入无彩色，不论是提高明度还是降低明度，都会降低它们的纯度。

在色环上，相邻两色的混合，纯度基本不变，例如，红色与黄色混合为橙色。补色相混合，最容易降低纯度。纯度降到最低，就成为无彩色，即黑、白、灰。任何一种鲜明的颜色，只要将它的纯度稍稍降低，就会表现出不同的相貌与品格，例如黄色的纯度变化。纯黄色是非常夺目且强有力的色彩，但只要稍稍掺入一点灰色或者它的补色紫色，黄色的彩度就会减弱。纯度的变化也会引起色相性质的偏离。如果黄色里混入更多的灰色或紫色，黄色就会明显地产生变化，变得极其柔和，但同时也会失去光辉；若是黑色中混入黄色，则会立即变成非常浑浊的灰黄绿色。色彩中混入不同量的黑色或白色，都能降低一个饱和色相的纯度，但是加入白色，色相的面貌仍较清晰，也能呈现出相对透明的状态，加入黑色，则会轻易改变色相，黑色具有强大的覆盖力。紫色、红色与蓝色，在混入不同量的白色之后，则会得到较多层次的淡紫色、粉红色和淡蓝色，这些颜色虽然经过淡化，但色相的面貌仍较清晰，也很透明，但黑色却可以把饱和的暗紫色与暗蓝色覆盖。

高纯度的配色给人充满活力和热情的感受，能够让人感到兴奋；低纯度的配色给人素雅、安宁的感受，具有低调感。

高纯度的色彩，会给人活泼、鲜艳之感；低纯度的色彩，则会有素雅、宁静之感。如果将几种颜色进行组合，那么，纯度差异大的组合方式可以达到极为艳丽的效果，而纯度差异小的组合方式会产生宁静素雅的效果，但是纯度差异小的组合方式非常容易出现灰、粉、脏的视觉感受。

降低色彩的纯度有以下几种方法。

（一）加入无彩色，即黑、白、灰

纯色混合白色可以降低其纯度，提高明度，同时色彩会变冷。各色混合白色以后会产生色相偏差，色彩感觉更加柔和、轻盈、明亮。纯色混合黑色，则会既降低纯度，又降低明度，同时色彩会变暖。各色加黑色以后，会失去原来的光亮感，变得沉稳、安定、深沉。加入中性灰色，则会使得色相变得浑浊，相同明度的纯色与灰色相混后，可以得到不含明度和色相变化的不同纯度的含灰色，具有软弱和柔和的特点。

（二）加入互补色

加入互补色就等于加入深灰色，因为三原色相混得深灰色，而一种色彩如果加入它的补色，而其补色正是其他两种原色相混所得的间色，所以也就等于三原色相加。

（三）加入其他色

一个纯色加入其他任何有彩色，会使本身的纯度、明度、色相同时发生变化。同时，混入有彩色自身面貌特征也会发生变化。

第三节　室内空间的四角色

一、背景色

在室内空间中占据最大面积的色彩被称为背景色。背景色多是由墙面、天花板、地板组成，因而背景色引领着整个室内空间的基本格调，奠定了室内空间的基本风格和色彩印象。因为背景色的面积较大，因此多采用柔和的色调，阴暗或浓烈的颜色不宜大面积使用，可用在重点墙面上。长期处于阴暗或浓烈的室内空间的氛围中，会对人的生理和心理产生负面影响。

在同一室内空间中，家具颜色不变，更换背景色就可以改变室内空间的整体色彩感觉。在墙面、天花板、地面这三个界面中，因为墙面处于人的水平视野，占据了绝大多数的目光，是最引人注意的地方，所以，改变墙面的色彩会直接改变室内空间的色彩感觉。

深色的背景色给人浓郁、华丽的空间氛围。高纯度的背景色给人热烈、刺激的空间氛围。淡雅的背景色则会带给人舒适、柔和的空间氛围。以深蓝绿色作为背景色，会使室内空间色彩浓烈，同时，空间也具有收缩性，注意这种深色只能作为重点色使用，还要搭配其他柔和的颜色，才会让整个室内空间显得明快、愉悦。以浅米黄色作为背景色，会使室内空间舒适且柔和，给人和谐放松的感觉，适合大面积使用。

二、主角色

主角色通常是指在室内空间中的大型家具、大面积织物或陈设，例如沙发、床、餐桌等。它们是空间中的主要组成部分，占据视觉中心，主角色可以引导整个空间的风格走向。

主角色并不是绝对性的，不同空间的主角色各有不同。主角色的组合，根据面积或者色彩也有主次划分，通常情况下，建议在大面积的部分采用柔和的色彩。

客厅中的主角色是沙发。在客厅中，沙发占据了视觉中心和中等面积，是大多数客厅空间的主角色。

在卧室中，床是绝对的主角色，具有无法取代的中心位置。

在餐厅中，餐桌就主角色，占据了绝对突出的位置。若是餐桌的颜色与背景色相同或类似，那么餐椅就会成为主角色。

三、配角色

空间的基本色是由主角色和配角色组成的。配角色是用来衬托以及凸显主角色而存在的，通常位于主角色旁边或成组的位置上，是仅次于主角色的陈设。例如沙发的角柜、卧室的床头柜等。在同一组沙发中，若中间多人座为红色，其他单人座为白色，则红色就成为主角色，白色为配角色，是为了更加凸显红色沙发。

白色为主角色，亮黄色为配角色，亮黄色虽然明度高，但是面积小，所以不会压制住白色。三人沙发的蓝色在面积上占有绝对优势，所以蓝色为主角色，米黄色单人沙发处于次要地位，属于配角色。

配角色就是要在统一的前提下，保持一定的配角色色彩差异，既能够凸显主角色，又能够丰富空间的视觉效果，增加空间的层次。

配角色与主角色相近，整体的空间氛围略显松弛。配角色与主角色之间存在明显的明度差和纯度差，显得主角色鲜明、突出。

四、点缀色

点缀色是指在室内空间中体积小、可移动、易于更换的物体颜色，例如灯具、抱枕、摆件、盆栽等。点缀色能够打破配色单调的局面，起到调节氛围、丰富层次感的作用，成为空间的点睛之笔，是最具有变化性和灵活性的配色。

点缀色在进行色彩选择的时候，通常选择与所依靠的主体具有对比感的色彩，以此来制造生动的视觉效果。如果主体的氛围足够活跃，为了追求稳定感，点缀色可以与主体颜色相近。在不同的空间位置上，相对于点缀色而言，背景色、主角色或是配角色都可能成为点缀色的背景色。

在进行点缀色搭配时，要注意点缀色的面积不宜过大，面积小才能加强冲突感，增强配色的张力。

第四节 色调型与色相型

一、色调型

色彩外观的基本倾向就是色调，它是指色彩的浓淡以及减弱程度。在色相、明度、纯度这三个要素中，任一因素起主导作用，就称其为要素色调。在进行室内色彩设计时，即使色相方面不统一，只要色调保持一致，同样能达到和谐的视觉效果。

纯色调不掺杂任何黑、白、灰，属于最纯粹的色调。它是淡色调、明色调与暗色调的衍生基础，给人以积极、开放之感，但是由于纯色调过于刺激，不宜大面积用于家居空间装饰中。

纯色加入少量的白色形成的色调，相较于纯色的热烈，显得更加干净、整洁，但是没有太强的个性，非常大众化。

纯色调混入大量的白色形成的色调，适合用来表现柔和、浪漫、甜美的空间氛围。

纯色加入黑色形成的色调，纯色的健康与黑色的力量感相结合，形成威严、厚重的感觉。

二、色相型

在室内空间中，背景色、主角色以及配角色是占据较大面积的，三者的位置关系及色相组合决定了整个室内空间的色相型。色相型的决定通常是以主角色为中心，再确定其他配色的色相，有时也可以用背景色作为配色的基础。根据色相环的位置，色相型大致可以分成四种：①相同、类似型；②三角、四角型；③对决、准对决型；④全相型。

在室内空间中，常采用两至三种色相配色，单一色相的情况很少见，多色相的配色方式能更好地塑造空间氛围。色环中最远的色相进行组合，对比强烈，空间氛围欢快而有力；比如客厅沙发若以红色为主，则可以进行一些绿植搭配，达到强烈的视觉冲击力。相近的色相进行组合，空间氛围比较沉稳、内敛，适合卧室或书房使用。

（一）同相型与类似型

同相型配色是指采用完全统一的色相，通过不同纯度与明度来进行搭配的配色方式。同相型配色较保守，并且具有执着感，能够形成稳重、平静的效果，因为同相型配色限定在同一色相中，具有闭锁感，同时也比较单调。

相同型配色，具有闭锁感，体现出执着性与稳定性。

类似型配色是指近似色相之间的搭配，比同相型配色要活泼一些，同样具有稳重、平静的效果，与同相型配色只存在色彩印象上的区别。在 24 色相环上，4 份内的色相都属于类似色，在冷暖色内，8 份差距也属于类似型。

（二）对决型与准对决型

色相环上位于 180°相对位置上的互为补色的两种颜色进行搭配的方式就是对决型配色。对决型配色对比强烈，具有强烈的冲击力，使人印象深刻。对决型配色可以营造出健康、活跃、华丽的空间氛围，越是接近纯色调的对决型配色，越具有强烈的冲击力。

接近 180°位置的色相组合就是准对决型，例如红色与绿色搭配在一起为对决型，而红色与蓝色搭配就是准对决型。也可以理解为一种色彩与其互补色的邻近色搭配。准对决型配色的效果比对决型配色要柔和一些，有对立和平衡的特点。

对决型配色不建议在家庭空间中大面积使用，对比过于激烈，长时间接触会让人产生烦躁感和不安的情绪，若要使用对决型配色，则应该降低颜色的纯度，避免过于刺激。准对决型相对于对决型来说较为温和一些，可以作为主角色或配角色使用，但是不宜作为背景色或者大面积使用。

（三）三角型与四角型

将色相环上处于三角位置的颜色搭配在一起就是三角型配色。其中，最具代表性的就是红、黄、蓝，即三原色。三原色形成的配色具有强烈的视觉冲击力，并且空间动感十足，三原色的效果在三角型配色中是最强烈的，其他色彩搭配构成的三角型配色就相对温和一些。

三角型是处于对决型与全相型之间的配色，它兼具了两者的优点与长处，视觉效果引人注目，又具备温和的亲切感。三角型的配色方式比前几种配色方式的视觉效果更加平衡，不会产生偏斜感。

明色调的红、黄、蓝构成的三角型配色，空间效果轻松、活泼，又具备平衡感，清新爽朗的色彩让空间变得更加温馨。

暗色调的红、黄、蓝构成的三角型配色，空间效果隐秘、沉稳。

四角型配色是将两组互补色交叉组合的颜色搭配，四角型配色在室内空间中具有紧凑、醒目的视觉效果。互补色本身就是带有强烈冲击力的颜色组合，尤其两组互补色所得出的四角型就更成了视觉冲击力最为强烈的配色方式。

（四）全相型

没有偏向性地使用全部颜色进行配色的方式就是全相型配色。全相型配色涵盖的颜色非常广泛，能够塑造出开放、自然的空间氛围，具有五彩缤纷、充满活力的视觉效果。如果觉得室内空间过于单调呆板，可以添加一些全相型的装饰来活跃空间氛围。通常情况下，配色超过五种就属于全相型配色，用的色彩越多，空间就会让人感觉越自由、放松。

全相型的配色方式是具有活跃和开放特点的。全相型配色不会因为颜色的色调而改变或消失，不论是与黑、白、灰的组合还是与明色调或暗色调的组合，都不会减弱全相型配色热烈开放的特性，全相型配色最常见的就是用来增添节日气氛。

　　全相型的配色色彩丰富，气氛热烈，在主题餐厅中运用非常广泛，全相型配色能够带动整个空间的活跃氛围，充满活力与节日气氛。

　　在家居空间中，全相型的配色方式最常见于儿童房内，能让儿童房充满活力。除此之外，也可以选择一些全相型配色的装饰品用在家居空间中，增添亮点。

第五章 室内照明设计

第一节 采光照明的概念与原则

就人的视觉来说，没有光也就没有一切。在室内设计中，光不仅是为满足人们视觉功能的需要，而且是一个重要的美学因素。光可以形成空间、改变空间或者破坏空间，它直接影响人对物体大小、形状、质地和色彩的感知。近几年来的研究证明，光还影响细胞的再生长、激素的产生、腺体的分泌以及如体温、身体的活动和食物的消耗等的生理节奏。因此，室内照明是室内设计的重要组成部分之一，在设计之初就应该纳入规划范围。

一、光的特性与视觉效应

光像人们已知的电磁艇一样，是一种能的特殊形式，是具有波状运动的电磁辐射的巨大的连续统一体中很狭小的一部分。这种射线按其波长是可以度量的，它规定的度量单位是纳米（nm）。

二、照度、光色、亮度

（一）照度

人眼对不同波长的电磁波，在相同的辐射量时，有不同的明暗感觉。人眼的这个视觉特性称为视觉度，并以光通量作为基准单位来衡量。光通量单位是流明（lm），光的发光效率单位是流明/瓦特（lm/W）。

光源在某一方向单位立体角内所发出的光通量叫作光源在该方向的发光强度，单位为坎德拉（cd），被光照的某一面上其单位面积内所接收的光通量称为照度，其单位为勒克斯（h）。

（二）光色

光色主要取决于光源的色温（K），并能影响室内的气氛。色温低，感觉温暖；色温高，感觉凉爽。一般色温＜3300K 为暖色，3300K＜色温＜5300K 为中间色，色温＞5300K 为冷色。光源的色温应与照度相适应，即随着照度增加，色温也应相应提高。否则，在低色温、高照度下，人会感到酷热；而在高色温、低照度下，人会感到阴森的气氛。

设计者应联系光照目的物和空间的彼此关系，去判断其相互影响。光的强度能影响人对色彩的感觉，如红色的帘幕在强光下更鲜明，而弱光将使蓝色和绿色更突出。设计者应有意识地去利用不同色光的灯具，调整使之创造出所希望的照明效果，如点光源的白炽灯与中间色的高亮度荧光灯相配合。

人工光源的光色，一般以显色指数（Ad）表示，Ra 最大值为100，80 以上显色性优良，70～50 显色性一般；50 以下显色性差。

白炽灯 Ra=97；卤钨灯 Ra=95～99；白色荧光灯 Ra=55～85；日光色灯 Ra=75～94；高压汞灯 Ra=20；高压钠灯 Ra=20～25；氙灯 Ra=90～94。

（三）亮度

亮度作为一种主观的评价和感觉，和照度的概念不同，它是表示由被照面的单位面积所反射出来的光通量，也称发光度，因此与被照面的反射率有关。例如在同样的照度下，白纸看起来比黑纸要亮。有许多因素影响亮度的评价，诸如照度、表面特性、视觉、背景、注视的持续时间甚至包括人眼的特性。

（四）材料的光学性质

光遇到物体后，某些光线被反射，称为反射光；光也能被物体吸收，转化为热能，使物体温度上升，并把热量辐射至室内外，被吸收的光就看不见；还有一些光可以透过物体，称透射光。这三部分光的光通量和等于入射光通量。

三、照明的控制

（一）眩光的控制

眩光与光源的亮度、人的视觉有关。由强光直射入眼而引起的直射眩光，应采取遮阳的办法。对人工光源，避免的办法是降低光源的亮度、移动光源的位置和隐蔽光源。当光源处于眩光区之外，即在视平线45°之外，眩光就不严重，遮光灯罩可以隐蔽光源，避免眩光。

反射光引起的反射眩光，决定于光的位置和工作面或注视面的相互位置，避免的办法是，将其相互位置调整到反射光在人的视觉工作区域之外。当决定了人的视点和工作面的位置后，就可以找出引起反射眩光的区域，在此区域内不应布置光源。此外，如注视工作面为粗糙面或吸收面，使光扩散或吸收，或适当提高环境亮度，减少亮度对比，也可起到减弱眩光的作用。

（二）亮度比的控制

控制整个室内的合理的亮度比例和照度分配，与灯具布置方式有关。

1. 一般灯具的布置方式

（1）整体照明

其特点是常采用匀称的镶嵌于天棚上的固定照明，这种形式为照明提供了一个良好的水面和在工作面上照度均匀一致，光线经过的空间没有障碍，任何地方都光线充足，便于任意布置家具，并适合于空调和照明相结合。但是耗电量大，在能源紧张的条件下是不经济的，否则就要将整体照度降低。

（2）局部照明

为了节约能源，在工作需要的地方才设置光源，并且还可以提供开关和灯光减弱装备，使照明水平能适应不同变化的需要。但在晴朗的房间仅有单独的光源进行工作，容易引起视觉紧张和损害眼睛。

（3）整体与局部混合照明

是为了改善上述照明的缺点，将90% ～ 95%的光用于工作照明。

（4）成角照明

是采用特别设计的反射罩，使光线射向主要方向的一种照明方法。这种照明是由于墙表面的光亮和对表现装饰材料质感的需要而发展起来的。

2. 照明地带分区

（1）天棚地带

由于天棚所处位置的特殊性，对照明的艺术作用有重要的地位。

（2）周围地带

处于经常的视野范围内，照明应特别需要避免眩光。周围地带的亮度应大于天棚地带，否则将造成视觉的混乱，而妨碍对空间的理解和对方向的识别，并妨碍对有吸引力的趣味中心的识别。

（3）使用地带

使用地带的工作照明是需要的，通常各国颁布有不同工作场所要求的最低照度标准。

上述三种地带的照明应保持微妙的平衡，一般认为使用地带与天棚和周围地带照明之比为 2∶3∶1，或更少一些，视觉的变化才趋向于最小。

3.室内各部分最大允许亮度比

（1）视力作业与附近工作面之比为 3∶11。

（2）视力作业与周围环境之比为 10∶1。

（3）光源与背景之比为 20∶1。

（4）视野范围内最大亮度比为 40∶1。

四、室内照明设计原则

在设计过程中，应遵循以下室内照明设计的原则。

室内照明是室内设计的重要组成部分，室内照明设计要有利于人的活动使居住者能安全和舒适地生活。室内自然光或灯光照明设计在功能上要满足人们多种活动的需要，而且还要重视空间的照明效果。现在就让我们来看看室内照明设计的原则吧。

（一）安全性原则

灯具安装场所是人们在室内活动的频繁场所，所以安全防护是第一位。这就要求灯光照明设计应绝对安全可靠，必须采取严格的防触电、防短路等安全措施，并严格按照规范进行施工，以避免意外事故的发生。

（二）合理性原则

灯光照明并不一定是以多为好，以强取胜，关键是科学合理。灯光照明设计是为了满足人们视觉和审美的需要，使室内空间最大限度地体现实用价值和欣赏价值，并达到使用功能和审美功能的统一。华而不实的灯饰非但不能锦上添花，反而会画蛇添足，同时造成电力消耗和经济上的损失，甚至还会造成光环境污染而有损身体健康。

（三）功能性原则

灯光照明设计必须符合功能的要求，根据不同的空间、不同的对象选择不同的照明方式和灯具，并保证适当的照度和亮度。例如，客厅的灯光照明设计应采用垂直式照明，要求亮度分布均匀，避免出现眩光和阴暗区；室内的陈列，一般采用强光重点照射以强调其形象，其亮度比一般照明要高出 3～5 倍，常利用色光来提高陈设品的艺术感染力。

（四）美观性原则

灯具不仅能起到保证照明的作用，而且由于其十分讲究造型、材料、色彩、比例，已成为室内空间不可缺少的装饰品。对灯光的明暗、隐现、强弱等进行有节奏的控制，采用透射、反射、折射等多种手段，创造风格各异的艺术情调气氛，能为人们的生活环境增添丰富多彩的情趣。

第二节 室内采光部位与照明方式

一、采光部位与光源类型

（一）采光部位

利用自然采光，不仅可以节约能源，而且能在视觉上更为习惯和舒适，在心理上能和自然接近、协调，更能满足精神上的需求。如果按照精确的采光标准，日光完全可以在全年提供足够的室内照明。室内采光效果，主要取决于采光部位和采光口的面积大小和布置形式，一般分为侧光、高侧光和顶光三种形式。

侧光可以选择良好的朝向、室外景观，使用维护也较方便，但当房间的进探增加时，采光效果会很快降低。

高侧采光,照度比较均匀,留出较多的墙面可以布置家具、陈设,常用于展览、商场,但使用不便。

顶光的照度分布均匀，影响室内照度的因素较少，但当上部有障碍物时，照度就会急剧下降。此外，在管理、维修方面较为困难。

室内采光还受到室外周围环境和室内界面装饰处理的影响，如室外临近的建筑物，既可阻挡日光的射入，又可从墙面反射一部分日光进入室内。此外，窗面对室内说来，可视为一个面光源，它能通过室内界面的反射，增加室内的照度。

窗户的方位也会影响室内的采光，当面向太阳时，室内所接收的光线要比其他方向多。窗户采用的玻璃材料的透射系数不同，则室内的采光效果也不同。自然采光一般采取遮阳措施，以避免阳光直射室内所产生的眩光和过热的不适感觉。

（二）光源的类型

光源的类型可以分为自然光源和人工光源。我们在白天才能感到自然光，即昼光。昼光由直射地面的阳光（日光）和天空光（天光）组成。自然光源主要是日光，日光的光源是太阳，太阳连续发出的辐射能量相当于约6000K色温的黑色辐射体，但太阳的能量到达地球表面，经过了化学元素、水分、尘埃颗粒的吸收和扩散。

家庭和一般公共建筑所用的主要人工光源是白炽灯和荧光灯，电灯由于管理费用较少，近年也有所增加。每一光源都有其优点和缺点，但和早先的火光和烛光相比，显然具有很大的进步。

1. 白炽灯

自从爱迪生时代起，白炽灯基本上保留着同样的构造，即由两个金属支架间的一根灯丝，在气体或真空中发热而发光。在白炽灯光源中发生的变化是增加玻璃罩、漫射罩，以及反射板、透镜和滤光镜等去进一步控制光。白炽灯可用不同的外罩制成，一些采用晶亮光滑的玻璃，另一些采用喷砂或酸蚀消光，或用硅石粉涂在灯泡内壁，使灯光更柔和。

色彩涂层也运用于白炽灯中，如珐琅质涂层、塑料涂层及其他油涂层。另一种白炽灯为水晶灯或碘灯，它是一种卤钨灯，体积小，寿命长。卤钨灯的光线中都含有紫外线和红外线，因此受到它长期照射的物体都会褪色或变质。最近日本研发了一种可把红外线阻隔、将紫外线吸收的单端定向卤钨灯。

白炽灯的优点：第一，光源小，便宜。第二，具有种类极多的灯罩形式，并配有轻便的灯架、顶棚和墙上的安装用具和隐蔽装置。第三，通用性大，彩色品种多。第四，具有定向、散射、漫射等多种形式。第五，能用于加强物体的立体感。第六，白炽灯的色光最接近于太阳光色。

白炽灯的缺点：第一，其暖色带黄色光，有时不一定受欢迎。日本最近制成的能吸收波长为 $570\sim590nm$ 黄色光的玻璃壳白炽灯，使光色比一般的白炽灯白得多。第二，对所需电的总量来说，能发出较低的光通量，产生的热为 80%，光仅为 20%。第三，寿命相对较短（1000h）。

一种新型节电冷光灯泡，在灯泡玻璃壳面镀有一层银膜，银膜上面又链一层二氧化钛膜，这两层膜结合在一起，可把红外线反射回去加热钨丝，而只让可见光进过，因此能大大节能。使用这种 100W 的节电冷光灯，只须耗用相当于 40W 普通灯泡的电能。

2. 荧光灯

这是一种低压放电灯，灯管内是荧光粉涂层，它能把紫外线转变为可见光，并有冷白色（Cw）、暖白色（wW）、Deluxe 冷白色（CWX）、Deluxe 暖白色（WWX）和日光等。颜色变化是由灯内荧光粉涂层方式控制的。暖白色最接近于白炽灯，冷白色管中放射更多的红色，荧光灯产生均匀的散射光，发光效率为白炽灯的 1000 倍，其寿命为白炽灯的 $10\sim15$ 倍，因此荧光灯不仅能节约用电，而且可以节省更换费用。

日光灯一般分为三种启动形式，即快速启动、预热启动和立刻启动，这三种都为热阴极机械启动。快速启动和预热启动管在灯开后，短时发光；立刻启动管在开灯后立刻发光，但耗电稍多。由于日光灯管的寿命和使用启动频率有直接的关系，从长远看，立刻启动管花费多，快速启动管在电能使用上似乎最经济。

荧光灯的优点：第一，光效高，发光效率 $40\sim50$ lm/W，而白炽灯为 $3\sim16$ lm/W，光线柔和。第二，寿命长（5000 小时）。第三，呈线面型发光体。第四，温度较低（6500K）。第五，光源（色温）接近太阳光，色温高，带蓝色。

荧光灯的缺点：第一，费用较高。第二，对环境影响大（温度、湿度、电压等影响大）。第三，有射频干扰。第四，线路较多，需辅助器件。第五，寿命与开关次数有关（开关次数多，寿命缩短）。第六，通电发光时间较长。

3. 氖管灯（霓虹灯）

霓虹灯多用于商业标志和艺术照明，近年来也用于其他一些建筑。霓虹灯的色彩变化是由管内的荧粉涂层和充满管内的各种混合气体引起的，并非所有的管内都是氖蒸气，氧和汞也都可用。霓虹灯和所有放电灯一样，必须有镇流器能控制的电压。霓虹灯相当费电，但很耐用。

4. 高压放电灯

高压放电灯至今一直用于工业和街道照明。小型的在形状上和白炽灯相似，有时稍大一点，内部充满汞蒸气、高压钠或各种蒸气的混合气体，它们能用化学混合物或在管内涂荧光粉涂层，校正色彩到一定程度。高压水银灯冷时趋于蓝色，高压钠灯带黄色，多蒸气混合灯冷时带绿色。高压灯都要求有一个镇流器，这样最经济，因为它们产生很大的光量和发生很小的热，并且比日光灯寿命长50%，有些可达24 000小时。

不同类型的光源，具有不同色光和显色性，能对室内的气氛和物体的色彩产生不同的效果和影响，应按不同需要选择。

二、照明方式

对裸露的光源不加处理，既不能充分发挥光源的效能，也不能满足室内照明环境的需要，有时还能引起眩光的危害。直射光、反射光、漫射光和逆射光，在室内照明中具有不同用处。在一个房间内如果有过多的明亮点，不但互相干扰，而且会造成能源的浪费。如果漫射光过多，也会由于缺乏对比而造成室内气氛平淡，甚至因其不能加强物体的空间体量而影响人对空间的判断。

因此，利用不同材料的光学特性，利用材料的透明、不透明、半透明以及不同表面质地制成各种各样的照明设备和照明装置，重新分配照度和亮度，根据不同的需要来改变光的发射方向和性能，是室内照明应该研究的主要问题。照明方式按灯具的散光方式有以下几种。

（一）间接照明

由于将光源遮蔽而产生间接照明，把 90% ～ 100% 的光射向顶棚、穹窿或其他表面，从这些表面再反射至室内。当间接照明紧靠顶棚，几乎可以造成无阴影，是最理想的整体照明。

上射照明是间接照明的另一种形式，筒形的上射灯可以用于多种场合，如在房角地上、沙发的两端、沙发底部和植物背后等处。上射照明还能对准一个雕塑或植物，在墙上或天棚上形成有趣的影子。

（二）半间接照明

半间接照明将 60% ～ 90% 的光向天棚或墙上部照射，把天棚作为主要的反射光源，而将 10% ～ 40% 的光直接照于工作面。从天棚来的反射光，趋向于软化阴影和改善亮度比，由于光线直接向下，照明装置的亮度和天棚亮度接近相等。具有漫射的半间接照明灯具，对阅读和学习更可取。

（三）直接间挂照明

直接间接照明装置，对地面和天棚提供近于相同的照度，即均为 40% ～ 60%，而周围光线只有很少一点。这样就必然导致直接眩光区的亮度是低的。这是一种同时具有内部和外部反射灯泡的装置，如某些台灯和落地灯能产生直接间接光和漫射光。

（四）漫射照明

这种照明装置，对所有方向的照明几乎都一样，为了控制眩光，漫射装置要大，灯的瓦数要低。

上述四种照明，为了避免天棚过亮，照明装置的上沿至少要低于天棚 30.5 ～ 46cm。

（五）半直接照明

在半直接照明灯具装置中，有 60% ～ 90% 的光向下直射到工作面上，而其余 10% ～ 40% 的光则向上照射，由下射照明软化阴影的光的百分比很少。

（六）光束的直接照明

光束的直接照明具有强烈的明暗对比，并可造成有趣生动的阴影，由于其光线直射于目的物，如不用反射灯泡，要产生强的眩光。鹅颈灯和导轨式照明属于这一类。

（七）高集光束的下射直接照明

高度集中的光束形成光焦点，可用于突出光的效果，具有强调重点的作用，它可提供在墙上或其他垂直面上充足的亮度，但应防止过高的亮度比。

第三节　室内照明作用与艺术效果

夜幕降临的时候，就是万家灯火的世界，也是多数人在白天繁忙工作之后希望得到休息娱乐以消除疲劳的时刻，无论何处都离不开人工照明，也都需要用人工照明的艺术魅力来充实和丰富生活的内容。无论是公共场所还是家庭，光的作用影响着每一个人，室内照明设计就是利用光的一切特性，去创造所需要的光的环境，通过照明充分发挥其艺术作用，并表现在以下四个方面。

一、营造气氛

光的亮度和色彩是决定气氛的主要因素。我们知道光的刺激能影响人的情绪，一般来说，亮的房间比暗的房间更为刺激，但是这种刺激必须和空间应有的气氛相匹配。极度的光和噪声一样都是对环境的破坏。据有关调查资料表明，荧屏和歌舞厅中不断闪烁的光线会导致视力下降。适度的愉悦的光能激发和鼓舞人心，而柔弱的光会令人轻松而心旷神怡。光的亮度也会对人心理产生影响，有人认为对于加强私密性的谈话区照明可以将亮度减少到功能强度的1/5。光线弱的灯和位置布置得较低的灯，会给周围造成较暗的阴影，天棚显得较低，会使房间更亲切。

室内的气氛也由于不同的光色而产生变化。许多餐厅、咖啡馆和娱乐场所，常常用加重暖色如粉红色、浅紫色，使整个空间具有温暖、欢乐、活跃的气氛，暖色光会使人的皮肤、面容显得更健康、美丽动人。由于光色的加强，光的相对亮度相应减弱，使空间感觉亲切。家庭的卧室也常常因采用暖色光而显得更加温暖和睦。但是冷色光也有许多用处，特别在夏季，青、绿色的光会使人感觉凉爽，应根据不同气候、环境和建筑的性格要求来确定。强烈的多彩照明，如霓虹灯、各色聚光灯，可以使室内的气氛更加活跃生动，增加繁华热闹的节日气氛。现代家庭也常用一些红绿色的装饰灯来点缀起居室、餐厅，以增加欢乐的气氛。不同色彩的透明或半透明材料，在增加室内光色上可以发挥很大的作用，在国外某些餐厅既无整体照明，也无桌上吊灯，只用柔弱的星星点点的烛光照明来渲染气氛。

由于色彩随着光源的变化而不同，许多色调在阳光的照耀下，显得光彩夺目，但日暮以后，如果没有适当的照明，就会变得暗淡无光。

二、加强空间感和立体感

空间的不同效果，可以通过光的作用充分表现出来。实验证明，室内空间的开敞性与光的亮度成正比，亮的房间感觉要大一点，暗的房间感觉要小一点，充满房间的无形的漫射光，也会使空间有无限的感觉，而直接光能加强物体的阴影，光影相对比，能加强空间的立体感。以点光源照亮粗糙的墙面，能增加墙面的质感。不同光的特性和室内亮度的不同分布，会使室内空间显得比用单一性质的光更有生气。可以利用光的作用，来加强希望注意的地方，如趣味中心；也可以用光来削弱不希望被注意的次要地方，从而进一步使空间得到完善和净化。许多商店为了突出新产品，用亮度较高的重点照明，而相应地削弱次要的部位，获得良好的照明艺术效果。照明也可以使空间变得实和虚，许多台阶照明及家具的底部照明，使物体和地面"脱离"形成悬浮的效果，而使空间显得空透、轻盈。

三、光影艺术与装饰照明

光和影本身就是一种特殊性质的艺术，当阳光透过树梢，地面洒下一片光斑，疏疏密密随风变幻，这种艺术魅力是难以用语言表达的。又如月光下的粉墙竹影和风雨中摇晃的吊灯的影子，却又是一番滋味。自然界的光影由阳光来安排，而室内的光影艺术就要靠设计师来创造。光的形式可以从尖利的小针点到无边际的无定形式，我们应该利用各种照明装置，在恰当的部位，以生动的光影效果来丰富室内的空间，既可以表现以光为主，也可以表现以影为主，也可以光影同时表现。某餐厅采用两种不同光色的直接间接照明，造成特殊的光影效果，结合室内造型处理灯具装饰，使室内效果大为改观。常见在墙面上的扇贝形照明，也可算作光影艺术之一。此外还有许多实例造成不同的光带、光圈、光环、光池。如某大公司团体办公室，运用重复的光圈，引导视线到华丽的挂毯上。光影艺术可以表现在天棚、墙面、地面，如某会议室，采用与会议桌相对应的光环照明方式。也可以利用不同的虚实灯罩把光影洒到各处。光影的造型是千变万化的，主要的是在恰当的部位，采用恰当形式表达出恰当的主题思想，来丰富空间的内涵，获得美好的艺术效果。

装饰照明以照明自身的光色造型作为观赏对象，通常利用点光源通过彩色玻璃射在墙上，产生各种色彩和形状。用不同光色在墙上构成光怪陆离的抽象"光画"，是表示光艺术的又一新领域。

四、照明的布置艺术和灯具造型艺术

光既可以是无形的，也可以是有形的，光源可隐藏，灯具却可暴露，有形、无形都是艺术。大范围的照明，如天棚、支架照明，常常以其独特的组织形式来吸引观众。

天棚是表现布置照明艺术的最重要场所，因为它无所遮挡，稍一抬头就历历在目。因此，室内照明的重点常常选择在天棚上，而且常常结合建筑式样，或结合柱子的部位来达到照明和建筑的统一和谐。将灯管与廊柱造型相结合会形成富有韵律的效果。常见的天棚照明布置，有成片式的、交错式的、并格式的、带状式的，放射式的、围绕中心的重点布置式的，等等。在形式上应注意它的图案、形状和比例，以及它的韵律效果。

灯具造型一般以小巧、精美、雅致为主要创作方向，因为它离人较近，常用于室内的落地立灯、台灯。灯具造型，一般可分为支架和灯罩两大部分进行统一设计。有些灯具设计重点放在支架上，也有些把重点放在灯罩上，不管哪种方式，整体造型必须协调统一。现代灯具都强调几何形体构成，在基本的球体、立方体、圆柱体、角锥体的基础上加以改造，演变成千姿百态的形式，同样运用对比、韵律等构图原则，达到新韵、独特的效果。但是在选用灯具的时候一定要和整个室内一致、统一，决不能孤立地评定优劣。由于灯具是一种可以经常更换的消耗品和装饰品，因此它的美学观近似日常日用品和服饰。由于它构成简单，显得更利于创新和突破，但是市面上现有类型不多，这就要求照明设计者每年都做出新的产品，不断变化和更新，这样才能满足消费者的要求。

第四节 光源布置及照明形式

考虑室内照明的布置时应首先考虑把光源布置和建筑结合起来，这不但有利于利用顶面结构和装饰天棚之间的巨大空间，隐藏照明管线和设备，而且可使建筑照明成为整个室内装修的有机组成部分，实现室内空间完整统一的效果，它对于整体照明更为合适。通过建筑照明可以照亮大片的窗户、墙、天棚或地面，荧光灯管很适用于这些照明，因它能提供一个连贯的发光带，白炽灯也能发挥同样的效果，但应避免不均匀的现象。

一、窗帘照明

将荧光灯管安置在窗帘盒背后，内漆白色以利反光，光源的一部分朝向天棚，一部分向下用在窗帘或墙面上，在窗帘顶和天棚之间至少应有25.4cm的空间，窗帘盒应该把设备和窗帘顶部隐藏起来。

二、花槽反光

用作整体照明，槽板设在墙面和天棚的交接处，至少应有15～24cm的深度，荧光灯板布置在槽板之后，常采用较冷的荧光灯管，这样可以避免任何墙面的变色。为使有最好的反射光，面板应涂以无光白色，花槽反光对引人注目的壁画、图画、墙面的质地是最有效的，在低天棚的房间中，特别希望采用。因为它可以给人天棚高度较高的印象。

三、凹槽口照明

这种槽形装置，通常靠近天棚，使光向上照射，提供全部漫射光线，有时也称为环境照明。由于亮的漫射光引起天棚表面似乎有退远的感觉，使其能创造开敞的效果和平静的气氛，光线柔和。此外，从天棚射来的反射光，可以缓和在房间内直接光源的热的集中辐射。

四、发光墙架

由墙上伸出的悬架，它布置的位置要比窗帘照明低，并和窗无必然的联系。

五、底面照明

任何建筑构件下部底面均可作为底面照明，某些构件下部空间为光源提供了一个遮蔽空间。这种照明方法常用于浴室、厨房、书架、镜子、壁龛和搁板。

六、龛孔（下射）照明

将光源隐蔽在凹处，这种照明方式包括提供集中照明的嵌板固定装置，可为圆的、方的或矩形的金属盘，可安装在顶棚或墙内。

七、泛光照明

泛光照明是一种使室外的目标或场地比周围环境明亮的照明，是在夜晚投光照射建筑物外部的一种照明方式。泛光照明的目的是多种多样的，其一是为了安全或为了夜间仍能继续工作，如汽车停车场、货场等；其二是为了突出雕像、标牌或使建筑物在夜色中更显特征。

八、发光面板

发光面板可以用在墙上、地面、天棚或某一个独立装饰单元上，它能将光源隐蔽在半透明的板后。发光天棚是常用的一种，广泛用于厨房、浴室或其他工作地区，为人们提供舒适的无眩光的照明。但是发光天棚有时会使人感觉好像处于有云层的阴暗天空之下。自然界的云是令人愉快的，因为它们经常流动变化，提供视觉的兴趣。而发光天棚则是静态的，因此易造成阴暗和抑郁的感觉。在教室、会议室或类似这些地方，采用时更应小心，因为发光天棚迫使眼睛引向下方，这样就易使人处于睡眠状态。另外，均匀的照度会提供较差的立体感视觉条件。

九、导轨照明

现代室内也常用导轨照明，它包括一个凹槽或装在面上的电缆槽，灯支架就附在上面，布置在轨道内的圆辊可以很自由地转动，轨道可以连接或分段处理，做成不同的形状。这种灯能用于强调或平化质地和色彩，主要取决于灯的所在位置和角度。导轨照明能创造视觉焦点和加强质感，常用于艺术照明。

十、环境照明

照明与家具陈设相结合，最近在办公系统中应用最广泛，其光源布置与完整的家具和活动隔断结合在一起。家具的无光光洁度面层，具有良好的反射光质量，在满足工作照明的同时，能适当增加环境照明的需要。家具照明也常用于卧室、图书馆的家具上。

第五节 住宅照明灯具的配置

住宅照明宜选用以白炽灯、稀土节能荧光灯为主的照明光源。住宅照明设计应使室内光环境实用和舒适。目前，灯具市场品种极为丰富，造型千变万化，性能千差万别。由于照明灯具是整个居室装饰的有机组成，因此，它的样式、材质和光照度都要和室内功能和装饰风格相统一，应按照这个原则去选购照明灯具。

一般的住宅有客厅、书房、起居室、卧室、厨房、卫生间、门厅之分，由于它们的功能不同，所需要的光源也不同，因此就要根据不同的房间功能选择不同的灯具。

一、客厅灯具的配置

客厅的照明宜考虑多功能使用的要求，如设置一般照明、装饰照明、落地灯等，有时可在起居室设置调光装置，以满足不同功能的需要。客厅灯具利于创造稳重大方、温暖热烈的环境，使客人有宾至如归的亲切感。一般可在房间的中央装一盏单头或多头的吊灯作为主体灯。如沙发后墙上挂有横幅字画的，可在字画的两边装两盏大小合适的壁灯，沙发边可放置一盏落地灯。这样的灯具装置既稳重大方，又可根据不同的需要选择光源，或诸灯齐放，满室生辉，或单灯独放，促膝话旧。

客厅是全家人活动的中心，也是接待亲朋好友的地方，利用率较高。客厅的灯具色彩和种类可丰富一些，一般采用总体与局部照明相结合的方式来满足客厅灯光的要求。总体照明可使用顶灯，顶灯的选用应按客厅的面积和高度来决定。如果面积仅有十多个平方米，而且居室形状不规则，那么最好选用吸顶灯；如果客厅又高又大，选用吊灯是最合适不过了。顶灯的使用能满足居室聚会和娱乐的要求；考虑到看电视和休闲阅读，安一具高杆落地灯比较合适，看电视和阅读时关掉顶灯，打开落地灯既不刺眼，又能使环境显得宁静而优雅。

由于各个家庭居室的情况不一样，客厅的功能也有所不同，部分家庭的客厅可能还得充当餐厅，灯具的选择可根据自己的需要来定。根据灯具的外形和餐厅的作用，灯具的选择可根据自己的需要来定。在灯具的外形和档次方面，一要考虑和客厅气氛的协调，二是要力求高雅，力戒奢华。客厅是家庭的门面，灯饰太平淡可能体现不出你的装饰风格并略显寒酸，太豪华则可能使来访者心理捣乱，放不开手脚。客厅主体照明既不能太暗，也不能刺眼眩目，当客厅人少的时候，可关闭主体照明灯，另外开启一盏壁灯。现在，一些消费者憧憬田园生活，追求返璞归真的意境，舍弃富丽堂皇的壁灯，而在客厅燃起蜡烛，寻得烛光效果。这样设计固然情调幽雅，但毕竟生活在现代城市，既麻烦又费事。现在市场上有些墙灯，安装以后也会起到朴实静雅的效果。但必须注意以下几点：一是在选择的灯具造型上一定要简洁，切忌烦琐、复杂；二是光源，最好选择白炽灯泡，光线不要直接射出，可让灯光透到墙壁上再折射出来。在市场上有种变幻型壁灯，款式极为简洁。由冷轧板冲制而成的灯架，是一片片百叶形状，两边并配有调节螺丝。当灯架重叠组合时，灯光从上、下分别反向射出来，当灯架往下翻时，光线则透到墙上再反射出来。这样布置也很不错，更适宜一般家庭成员闲谈或看电视时照明。

二、卧室灯具的配置

卧室是人们休息和放松的场所，私密性较强，在灯饰方面力求气氛和谐，色彩淡雅，光线柔和，可选用吸顶灯做总体照明，满足卧室活动，如整理床铺、穿衣戴帽等的要求，在床头可设落地灯或壁灯做局部照明，可满足睡前阅读的需要。根据主人年龄的不同，卧室的灯饰也各具特点，儿童天真纯稚，生性好动，可选用外形简洁活泼、色彩轻柔的灯具，以满足儿童成长的心理需要；青少年日趋成熟，独立意识强烈，灯饰的选择应讲究个性，色彩要富于变化；中青年性格成熟，工作繁重，灯饰的选择要考虑夫妻双方的爱好，在温馨中求含蓄，在热烈中求清幽，以利于夫妻生活幸福美满；老年生活平静，卧室的灯饰应外观简洁，光亮充足，以表现出平和清静的意境，满足老年人追求平静的心理要求。

单纯的卧室是人们睡眠休息的场所，应给人以安静、闲适的感觉，要避免耀眼的光线和眼花缭乱的灯具造型。可在房间适当的位置装一盏悬挂式主灯，在床头装一盏床头壁灯。如是兼作多用途的卧室，可在房间中央装一盏吸顶式荧光灯，在重点需要增加照度的地方装两个壁灯，这几个灯的开关分别控制以满足不同的需要。

三、餐厅灯具的配置

餐厅局部照明要采用悬挂式灯具，以突出餐桌的效果为目的，同时还要设置一般照明，使整个房间有一定程度的明亮度，显示出清洁感。餐厅是人们用餐的地方，餐桌要求水平照度，故宜选用强烈向下直接照射的灯具或拉下式灯具，使其拉下高度在桌上方 60～70 厘米的高度。灯具的位置一般在饭桌的正上方，为增加食欲，都采用容量在 60W 以上的白炽灯。若房间有吊顶，也可采用嵌入式灯具。此种灯具能突出餐桌，起到引人注目、增进食欲的效果。为防止照在人身上造成阴影，灯光应限制在餐桌范围内。人的面部可通过壁灯或其他补充光源照明。餐厅也可能是裁剪、缝纫、学生学习的场所，因此须有多个电源插座，以作为台灯、落地灯的使用。

四、厨房灯具的配置

厨房的灯具应选用易于清洁的类型，如玻璃或搪瓷制品灯罩配以防潮灯口，并宜与餐厅用的照明光源显色性相一致或近似。厨房是用来烹调和洗涤餐具的地方。一般厨房的面积都较小，多数采用顶棚上的一般照明容量在 25～40W 之间的吸顶灯或吊灯。厨房灯具以功能性为主，外形大方，且便于打扫清洁。灯具材料应选用不易氧化和生锈的，或有表面保护层的较好。现代家庭的厨房都装有抽油烟机，上面一般都带有 25～40W 的照明灯，使得灶台上方的照度得到了很大的提高。有的厨房在切菜、备餐等操作台上方设有很多柜子，可以在这些柜子下面装局部照明灯,以增加操作台的照度。有的住宅的餐厅与厨房共用,空间狭小,选用的灯具更要注意以功能性为主,外形以现代派的简单线条为宜,不要选用过分装饰性的灯具。

五、卫生间灯具的配置

卫生间需要明亮柔和的光线,因卫生间内照明器开关频繁,所以选用白炽灯做光源较适宜。卫生间的灯具位置应避免安装在坐便器或浴缸的上面及背后。开关如为跷板式宜设于卫生间门外,否则应采用防潮防水型面板或使用绝缘绳操作的拉线开关。厕所内的照明灯具应安装在坐便器的前上方。

卫生间应采用明亮柔和的灯具,灯具应具有防潮和不易生锈的功能,光源应采用白炽灯。采用壁灯时要将灯具安装在与窗帘垂直的墙面上,以免在窗上反射出阴影。采用顶灯时要避免安装在有蒸气直接笼罩的浴缸上面。壁灯或顶灯的功率以 40 ~ 60W 为宜。

厨房和卫生间的灯饰讲究简明实用。简,就是要求灯具数量少而精,如厨房,本身面积不大,但器具很多,如灯具过多,只会更显杂乱;明,就是要求亮度够,特别是在厨房,必须设计出良好的局部照明,如洗刷、沏茶和烹煮的位置,如光线不够则可能影响工作效率;实用,就是要求灯具的选择不必过分追求外形和色彩,只要做到安全、明亮、易于清洗和维修就行了。现代的居室追求厨房和卫生间的质量,所谓"三大一小""大厨大卫"的说法充分体现了人们的这种要求。对于面积较大的厨房和卫生间,在装饰上不能马虎人事,在灯具的选择和配置上,也可富于变化,应按房子的结构和爱好去装点、美化厨房和卫生间。

六、门厅与走廊灯具的配置

门厅是进入室内给人最初印象的地方,因此要明亮,灯具要考虑安置在进门处和深入室内的交界处,这样可避免在来访者脸上出现阴影。在门厅内的柜上或墙上设灯,会使门厅内产生宽阔感。

走廊内的照明应安置在房间的出入口、壁橱,特别是楼梯起步和方向性位置上。设置吊灯时要使照明下端距地面1.9m以上。楼梯照明要明亮,避免危险。

第六节 其他房间设计的基本方法

一、店铺照明设计的基本方法

随着社会经济的发展和人们生活水平的提高，以及对商业的依赖进一步加强，人们对商业空间的要求也越来越高。照明是店铺空间的重要组成部分之一，有效的灯光设计能够营造舒适、安全、和谐的光环境氛围，有效吸引和引导消费者的目光。利用每个空间的光环境，可以布置出引人入胜的展示空间和展示形象，采用多种照明手法能展示店铺的主题形象，让人产生美好的联想，唤起消费者的购买欲望，建立与消费者互通的情感交流。

店铺照明起着还原商品本身色彩和质感的作用，通过光影明暗的变化能营造出富有艺术氛围的展示效果。店铺照明为接待和收银工作提供功能性照明；为店铺整体的展示效果营造提供艺术性照明；为突发事件提供应急疏散照明；为防止偷盗提供安全性照明。

从经营形式看，店铺可分为临街店与商场店铺。临街店的照明应了解店铺装饰设计的主题、风格、结构等；商场店铺不仅需要了解装饰风格，还要了解商场的基本照明分布、限电要求、灯具安装方式等限制因素。

从经营定位看，店铺可分为精品、高档、中档、折扣店、大众消费品等几类。从经营范围看，店铺又可分为服装、食品、通讯、西点、珠宝、便利超市，等等。

（一）服装店铺

1. 平价休闲装

该类店铺以十几元到几十元的特价商品或换季商品为主打，特点为快速消费，类似于大卖场。在照明上追求明亮的视觉感受和高亮度的商品展示效果。

背景墙：可选择卤钨天花灯和小射灯。

模特：结合实际情况，可以选择格栅射灯做重点照明，也可以选择金卤光源灯具。

立柜陈列：该区域为卖场的主要销售区域，为了加强服装的视觉冲击力，提高消费者的购买欲望，可考虑选用导轨金卤射灯，也可选用嵌入式可调金卤射灯。最好在立柜里面配上适当瓦数及色温的T5支架补光。

中岛陈列：可用嵌入式金卤筒灯，也可选用嵌入式可调金卤射灯。

通道：主要是提供基础照明和指引，可考虑选用嵌入式横插筒灯和T5支架。

2. 中档休闲装

该类店铺经营的服饰，单价均在百元以上，针对的消费者对品牌和款式有一定的要求，在照明上应注重一定的对比度，充分体现品牌的定位，强调品牌文化的营造和形象展示，对消费者的认知产生感性影响。

背景墙：选用嵌入式金卤射灯。应留意灯具和被照物的距离及背景墙上内容的大小，选择合适的开孔位置及灯具个数。

模特：选用嵌入式组合格栅射灯，留意对光源眩光的处理及安装位置对模特多角度投光，通过明暗的变化，体现出整体感和立体感，通过灯光更好地还原衣服独特的质感。

立柜陈列：选用金卤导轨射灯和卤铝导轨。留意柜内补光时，切勿使用卤钨光源，避免光源离服装太近，引起服装褪色、变质。使用荧光光源时避免太亮，出现服装"倒挂"现象。建议使用金卤光源做重点照明，充分表现出服装的细节和做工。

中岛陈列：选用嵌入式金卤灯具和组合式格栅射灯。最好是考虑使用窄光金卤光源，提高水平照度值，便于客户选择到适合自己颜色和尺寸的服装，避免太暗无法仔细筛选，导致销售失败。

通道：主要是提供基础照明和指引，可考虑选用嵌入式格栅射灯。要留意适当的空间照度值，起到应有的照明效果。

3. 牛仔、运动系列

牛仔服饰本身就包含着粗犷、奔放、豪爽的服饰概念，这与它本身的文化定位有关。店铺在照明上不一定追求过分的明亮，但一定要强调对比度和灯具的外形，以符合服饰的着装概念。为了营造牛仔服饰店整体粗犷、奔放的格调，照明要特别强调明暗的变化，以便增强视觉冲击力。选用灯具时应考虑外观个性化较强的金卤灯具。

运动服饰本身包含着健康、活力、青春的服饰概念。在店铺照明上应强调高照度、高对比性的明快氛围，没有过多花哨的道具，以简洁凸显运动的概念。运动系列服饰专卖店对灯具选择上主要是考虑两种不同的店面装修风格，一种是有吊顶，应选用可调角度嵌入式灯具，体现出整体简洁、明快的效果。另一种无吊顶，可选择悬吊式或外观线条流畅的灯具。

4.职业女装、男装

职业女装的消费者通常是办公室的白领女性，她们有很强的品牌意识和着衣标准。店铺中可包含大量精美道具，处处洋溢着小资情调。实践证明，丰富的色彩展示效果结合良好的照明氛围营造，是提高店铺销量的有效途径。该类店铺因为面对是消费层次较高的白领阶层，更加关注整体店面灯光设计对服饰表现力的体现，可考虑在不同功能区域选用光效较高的导轨式电子金卤灯和嵌入式组合格栅射灯等。

职业男装店铺中由于服饰商品单价较高，会陈列大量的模特，重点展示服饰的着装效果，整体氛围以高雅的黄色光线为主，采用均匀的光线以提高顾客在店内的舒适度。职业男装因为面对的消费者是层次较高的白领阶层，店面灯光设计既要体现服饰的质感，还要讲究灯具的选用与店面整体风格的匹配。重点推荐的服装款式和品牌形象墙可根据实际情况选择光效较高的导轨式金卤产品和嵌入式组合格栅射灯进行重点照明。

（二）食品店铺

1.一般食品店铺

食品店由食品摆放的差别分为柜台式和立柜式销售模式，不同的模式所采用照明方式也不同。由于食品本身的体积较小，色彩比较丰富，其照明的强度和显色要求较高。食品店一般由柜台销售区、收银区和通道区组成。

柜台销售区：T5工程带罩支架；立柜销售区：卤钨轨道。

收银区：天花灯。

通道区：T5工程带罩支架、筒灯横插、筒灯横插防雾。

2.西点店铺

西点店铺以经营面包、蛋糕为主，展示上要求高显色，强调色泽鲜亮、新鲜等因素，对照明的要求较高。在满足上述展示的重点因素外，还需要营造舒适的购物环境。同时就西点店铺衍生出的就餐区域，照明应同时考虑功能性和就餐、休闲氛围的营造。

展示区：T5工程带罩支架、天花灯。

收银区：天花灯。

通道区：筒灯横插、筒灯横插防雾。

就餐区：筒灯横插防雾列、天花灯。

（三）通讯店

通信行业的终端模式分为两类：一类是大卖场，一类是专卖店，以柜台形式销售。功能上分为通道区、柜台和销售区。

柜台销售区：T5工程带罩支架、天花灯。

通道区：T5工程带罩支架、灯盘直射类、横插筒灯。

（四）珠宝店

珠宝店经营的黄金、钻石、玉器等产品本身具备很高的质感，体积小，价值高，因此其商品的照明要求也是最高的，要用灯光映射出商品的质感，营造流光溢彩的效果，同时要保证顾客在明亮的环境中选购。

展示区：橱柜类射灯、光源深藏、天花灯。

（五）便利超市

便利超市的兴起逐渐取代了以柜台、立柜销售为主的传统店铺，以良好的货物陈列和明亮的购物环境吸引顾客。由于是自选式购物，照明要兼顾经营者的货物安全和顾客选购时对商品的清晰辨认，因此，安全和明亮是便利超市照明的核心。

销售区：T5工程带罩支架、灯盘直射类。

收银区：天花灯。

二、办公照明设计的基本方法

办公时间几乎都是白天，因此人工照明应与天然采光结合设计，形成舒适的照明环境。办公室照明灯具宜采用荧光灯。视觉作业的邻近表面以及房间内的装饰表现宜采用无光泽的装饰材料。办公室的一般照明宜设计在工作区的两侧，采用荧光灯时宜使灯具的纵轴与水平视线平行。不宜将灯具布置在工作位置的正前方。在难于确定工作位置时，可选用发光面积大、亮度低的双向蝙蝠翼式配光灯具。在有计算机终端设备的办公用房，应避免在屏幕上出现人和物体（如灯具、家具、窗等）的映像。经理办公室照明要考虑写字台的照度、会客空间的照度及必要的电器设备。会议室照明要考虑会议桌上方的照明为主要照明，使人产生中心和集中的感觉。照度要合适，周围可加设辅助照明。以集会为主的礼堂舞台区照明，可采用顶灯配以台前安装的辅助照明，并使平均垂直照度不小于 300 lx。

三、酒店照明设计的基本方法

酒店分为商务型酒店和休闲度假型酒店。虽然功能不同，但酒店内部的功能区域基本相似，均由大堂、中西餐厅、多功能厅、咖啡吧、客房等组成。根据功能的不同，设计不同的光环境，以及灯具选择的整体性尤为重要。特别是在酒店翻新改造的过程中，不仅要重视硬件设备的更新，室内空间的改造更要重视光环境的创意设计。舒适的光环境，可以为酒店增值。下面从酒店大堂的照明设计谈起。

大堂是酒店室内部分中面积最大、人流最多的交流区域。大堂可以划分为、入口区域、接待区域、休息区域、通道区域及电梯等待区，均为照明设计需要考虑到的区域。设计过程中需要考虑光环境的整体性，应保持色温的一致性，但不同区域要结合局部照明，通过亮度对比彼此区分，彼此过渡，使整体光环境亲近、轻松并且相映成趣。

现阶段，国内一些不注重照明设计的酒店，会特意运用窗帘、绿化或装饰物将日光阻挡在户外，室内不论白天还是夜晚，都用室内照明取代自然光。为了突出酒店的豪华、气派，还将大堂的光线渲染得满堂生辉。这是照明设计中的败笔。照明设计只能模拟日光，不能取代日光。日光与人工照明的过渡，往往可以营造特殊的、舒适的光环境。北京香格里拉酒店大堂白天时室内大面积落地窗的采光是室内光的主要来源，人工照明只做补充，通过可调光设计，达到白天与夜晚的过渡，此设计深受业主方的好评。

调光系统对酒店大堂的照明设计是不可或缺的一部分。它可以改变和协调整体单一的光环境。人的心情会因为喜怒哀乐产生变化，灯光同样具有表情，并且不同时间段，光环境的处理是不同的。白天，有日光的补充，大堂中的人工照明可以只开启 20%；晚间 17:00—22:00，是大堂利用率最高的时段，可以选择 70%～100% 开启人工照明，制造热闹舒适的气氛；深夜 22:00 之后，可以关闭大部分照明，并且将整体光环境调暗，但保留重点区域的照明功能，如接待区域。调光系统可以降低耗电量，并且延长光源的寿命。在经济意义上，调光系统可以为业主方节约较大的成本。

（一）入口区域的照明设计

大堂入口处，主要是为了满足其功能照明的需求。考虑到需要过渡室内外的光环境，室外雨篷处的光源可选用 4000K 的节能灯，这样室内外光的色温差别不大，使人进入大堂时光感比较舒适。而且色温较高，可以扩大视觉空间感，提高入口处的气质，给过往的人群留下较深刻的印象。进门后的室内部分，则可以将色温降低至 2800K 左右，这样可以使室内光环境较为亲近、舒适，增加客人的安全感。

（二）接待区域的照明设计

接待区域的色温应同室内入口处相同，这样不但能与入口相呼应，更重要的是结合接待人员热情的服务，更容易给客人留下美好的印象。同时，考虑到接待区域是同结算中心连接在一起的，出于功能性，对照度的要求较高。在整体大堂环境中显得非常亮，也可以突出此区域的重要性。

（三）休息区域照明设计

室内设计师会特意将创意元素融入休息区域中，为了使这个大众区域不呆板，会添加一些特有的元素，如人文元素、自然装饰元素等。此处，照明设计不仅仅是整体范围内的照明设计，同时要搭配装饰灯具的选择、局部照明的处理等。这个区域一般将照度处理得较暗，温馨的灯光、曼妙的音乐使得在此入住的客人能得到舒适的享受。桌面上台灯的选择，一定要与周围的装饰环境相匹配，要考虑到诸多因素，如地毯、沙发、桌台，甚至墙壁、台阶等。

（四）通道区域与电梯等待区域的照明设计

酒店中各个空间的连接一般由通道、楼梯和等候区几个重要部分，不仅仅是在大堂中，在客房、餐厅等都是很常见的。通常我们会将通道指示牌做得比较亮，并且放在区域中较为明显的位置。

对于以上区域，应采用功能性与装饰性相结合的照明方式；光源色温选用3000K，同时控制光线的角度，选用宽光灯对整体环境进行照亮；选用部分窄角度灯对重点位置进行重点照明。楼梯的处理方式，是照明设计师发挥创意的区域。通常将灯具藏于隐蔽处，达到光与楼梯浑然一体的效果。

综上所述，大堂是酒店中非常重要的区域，是进入酒店留给客人印象最深的区域。运用照明设计手段，将室内设计更强地展现出来，将有利于提升酒店在行业中的竞争力。

第六章 人机工程学在室内设计中的运用

第一节 室内空间设计

一、室内空间组织

人类劳动的显著特点，就是不但能适应环境，而且能改造环境。从原始人的穴居，发展到具有完善设施的室内空间，是人类经过漫长的岁月，对自然环境进行长期改造的结果。最早的室内空间是 3000 年前的洞窟，从洞窟内反映当时游牧生活的壁画来看，人类早期就注意装饰自己的居住环境。不同时代的生活方式，对室内空间提出了不同的要求，正是由于人类不断改造和现实生活紧密相连的室内环境，使得室内空间的发展变得永无止境，并在空间的量和质量方面充分体现出来。

自然环境既有有益于人类的一面，如阳光、空气、水、绿化等；也有不利于人类的一面，如暴风雪、地震、泥石流等。因此，室内空间最初的主要功能是对自然界有害性侵袭的防范，特别是对经常性的日晒、风雨的防范，仅作为赖以生存的工具，由此产生了室内外空间的区别。但在控制室内环境时，人类也十分注重与大自然的结合。人类社会发展至今，人们越来越认识到发展科学、改造自然并不意味着可以对自然资源进行无限制的掠夺和索取，建设城市、创造现代化的居住环境，并不意味着可以完全不依靠自然，甚至任意破坏自然生态结构，侵吞甚至消灭其他生物和植被，使人和自然对立，甚至与自然隔绝。与此相反，人类在自身发展的同时，必须顾及赖以生存的自然环境。因此，控制人口、控制城市化进程、优化居住空间组织结构、维持生态平衡、返璞归真、回归自然、创造可持续发展的建筑，等等，已成为人们的共识。对室内设计来说，这种内与外、人工与自然、外部空间和内部空间的紧密相连的、合乎逻辑的内涵，是基本出发点，也是室内外空间交融、更替现象产生的基础，并表现在空间上既分隔又联系的多类型、多层次的设计手法上，以满足不同条件下对空间环境的不同需要。

（一）室内空间的概念

室内空间是人类劳动的产物，是相对于自然空间而言的，是人类有序生活组织所需要的产品。人对空间的需要，是一个从低级到高级，从满足生活上的物质要求到满足心理上的精神需要的发展过程。但是，不论物质或精神上的需要，都受到当时社会生产力、科学技术水平和经济文化等方面的制约。人们的需要随着社会发展提出不同的要求，空间随着时间的变化也相应发生改变。这是一个相互影响、相互联系的动态过程。因此，室内空间的内涵、概念也不是一成不变的，而是在不断地补充、创新和完善。

对于一个具有地面、顶盖、东南西北四方界面的六面体的房间来说，室内外空间的区别容易被识别，但对于不具备六面体的空间，可以表现出多种形式的内外空间关系，有时确实难以在性质上加以区别。但现实生活告诉我们，一个最简单的独柱伞壳，如站台、沿街的帐篷摊位，在一定条件下（主要是高度）可以避免日晒雨淋，在一定程度上达到了最原始的基本功能。而徒具四壁的空间，也只能称为院子或天井而已，因为它们是露天的。由此可见，有无顶盖是区别内、外部空间的主要标志。具备地面（楼面）、顶盖、墙面三要素的房间是典型的室内空间；不具备三要素的，除院子、天井外，有些可称为开敞、半开敞等不同层次的室内空间。我们的目的不是企图在这里对不同空间形式下确切的定义，但上述的分析对创造、开拓室内空间环境具有重要意义。譬如，希望扩大室内空间感时，显然以延伸顶盖最为有效。而地面、墙面的延伸，虽然也有扩大空间的感觉，但主要的是体现室内空间的引进，室内外空间的紧密联系。而在顶盖上开洞，设置天窗，则主要表现为进入室外空间，同时也具有开敞的感觉。

（二）室内空间的特性

人类从室外的自然空间进入人工的室内空间，处于相对不同的环境，外部和大自然直接发生关系，如天空、太阳、山水、树木花草，内部主要和人工因素发生关系，如顶棚、地面、家具、灯光、陈设等。

　　室外是无限的，室内是有限的，室内围护空间无论大小都有规定性，因此相对说来，生活在有限的空间中，对人的视距、视角、方位等方面都有一定限制。室内外光线在性质上、照度上也很不一样。室外是直射阳光，物体具有较强的明暗对比，室内除部分是受直射阳光照射外，大部分是受反射光和漫射光照射，没有强的明暗对比，光线比室外要弱。因此，同样一个物体，如室外的柱子，受到光影明暗的变化，显得小；室内的柱子因在漫射光的作用下，没有强烈的明暗变化，显得大一点；室外的色彩显得鲜明，室内的显得灰暗。这对考虑物体的尺度、色彩是很重要的。

　　室内是与人最接近的空间环境，人在室内活动，身临其境，室内空间周围存在的一切与人息息相关。室内一切物体触摸频繁，又察之入微，对材料在视觉上和质感上比室外有更强的敏感性。由室内空间采光、照明、色彩、装修、家具、陈设等多因素综合造成的室内空间形象在人的心理上产生比室外空间更强的承受力和感受力，从而影响人的生理、精神状态。室内空间的这种人工性、局限性、隔离性、封闭性、贴近性，其作用类似蚕的茧子，有人称其为人的"第二层皮肤"。

　　现代室内空间环境。对人的生活思想、行为、知觉等方面发生了根本的变化，应该说是一种合乎发展规律的进步现象。但同时也带来不少问题，主要由于与自然的隔绝、脱离日趋严重，从而使现代人体能下降。因此，有人提出回归自然的主张，怀念日出而作、日落而息的与自然共呼吸的生活方式，在当代得到了很大的反响。

　　虽然历史是不会倒退的，但人和自然的关系是可以调整的，尽管这是一个全球性的系统工程，但也应从各行各业做起。对室内设计来说，应尽可能扩大室外活动空间，利用自然采光、自然能源、自然材料，重视室内绿化，合理利用地下空间等，创造可持续发展的室内空间环境，保障人与自然协调发展。

（三）室内空间的功能

　　空间的功能包括物质功能和精神功能。物质功能包括使用上的要求，如空间的面积、大小、形状，适合的家具、设备布置，使用方便，节约空间，交通组织、疏散、消防、安全等措施以及科学地创造良好的采光、照明、通风、隔声、隔热等的物理环境，等等。

现代电子工业的发展，新技术设施的引进和利用，对建筑使用提出了相应的要求和改革，其物质功能的重要性、复杂性是不盲目的。如住宅，在满足一切基本的物质需要后，还应考虑符合业主的经济条件，在维修、保养或修理等方面开支的限度，提供安全设备和安全感，并在家庭生活期间发生变化时，有一定的灵活性等。

关于个人的心理需要，如对个性、社会地位、职业、文化教育等方面的表现和对个人理想目标的追求等提出的要求。心理需要还可以通过对人们行为模式的分析去了解。

精神功能是在物质功能的基础上，在满足物质需求的同时，从人的文化、心理需求出发，如人的不同的爱好、愿望、意志、审美情趣等，充分体现在空间形式的处理和空间形象的塑造上，使人们获得精神上的满足和美的享受。

而对于建筑空间形象的美感问题，由于审美观念的差别，往往难于以一致，而且审美观念就每个人来说也是发展变化的，要确立统一的标准是困难的，但这并不能否定建筑形象美的一般规律。

建筑美，不论其内部或外部均可概括为形式美和意境美两个主要方面。

空间的形式美的规律如平常所说的构图原则或构图规律，如统一与变化、对比、微差、韵律、节奏、比例、尺度、均衡、重点、比拟和联想等，这无疑是在创造建筑形象美时必不可少的手段。许多不够完美的作品，总可以在这些规律中找出某些不足之处。由于人的审美观念的发展变化，这些规律也在不断得到补充、调整，以至于产生了新的构图规律。

但是符合形式美的空间，不一定能达到意境美。正像画一幅人像，可以在技巧上达到相当高度，如比例、明暗、色彩、质感等，但如果没有表现出人的神态、风韵，还不能算作上品。因此，所谓意境美就是要表现特定场合下的特殊性格，也可称为建筑个性或建筑性格。由此可见，形式美只能解决一般问题，意境美才能解决特殊问题；形式美只涉及问题的表象，意境美才深入问题的本质；形式美只能抓住人的视觉，意境美才能抓住人的心灵。掌握建筑的性格特点和设计的主题思想，通过室内的一切条件，如室内空间、色彩、照明、家具陈设、绿化等，去创造具有一定气氛、情调、神韵、气势的意境美，是室内建筑形象创作的主要任务。

意境创造要抓住人的心灵，就首先要了解和掌握人的心理状态和心理活动规律。此外，还可以通过人的行为模式，来分析人的不同的心理特点。

（四）室内空间的组合

室内空间的组合首先应该根据物质功能和精神功能的要求进行创造性的构思，一个好的方案总是根据当时当地的环境，结合建筑功能要求进行整体筹划，分析矛盾主次，抓住问题关键，内外兼顾，从单个空间的设计到群体空间的序列组织，由外到内，由内到外，反复推敲，使室内空间组织达到科学性、经济性、艺术性、理性与感性的完美结合，做出有特色、有个性的空间组合。组织空间离不开结构方案的选择和具体布置，结构布局的简洁性和合理性与空间组织的多样性和艺术性，应该很好地结合起来。经验证明，在考虑空间组织的同时应该考虑室内家具等的布置要求以及结构布置对空间产生的影响，否则会带来不可弥补的先天性缺陷。

随着社会的发展和人口的增长，可利用的空间是趋于相对减少的量，空间的价值观念将随着时间的推移而日趋提高，因此如何充分地、合理地利用和组织空间，就成为一个更为突出的问题。我们应该把没有重要的物质功能和精神功能价值的空间称为多余的浪费空间，没有修饰的空间（除非用作储藏）是不适用的、浪费的空间。合理地利用空间，不仅反映在对内部空间的巧妙组织，而且在空间的大小、形状的变化、整体和局部之间的有机联系，在功能和美学上应该达到协调和统一。

在空间的功能设计中，还有一个值得重视的问题，就是对储藏空间的处理。储藏空间在每类建筑中都是必不可少的，在居住建筑中尤其显得重要。如果不妥善处理，常会引起侵占其他空间或造成室内空间的杂乱。包括储藏空间在内的家具布置和室内空间的统一，是现代住宅设计的主要特点，一般常采用下列几种方式。

1. 嵌入式（或称壁龛式）

它的特点是贮存空间与结构结成整体，充分保持室内空间面积的完整，常利用突出于室内的框架柱，嵌入墙内的空间，以及利用由于上下部空间来布置橱柜。

2.壁式橱柜

它占有一面或多面的完整墙面，做成固定式或活动式组合柜，有时作为房间的整片分隔墙柜，使室内保持完整统一。

3.悬挂式

这种"占天不占地"的方式可以单独，也可以和其他家具组合成富有虚实、凹凸、线面纵横等生动的储藏空间，在居住建筑中应用十分广泛。这种方式应高度适当，构造牢固，避免地震时落物伤人的危险。

4.收藏式

结合壁柜设计活动床桌，可以随时翻下使用，使空间用途灵活，在小面积住宅中，和有临时增加家具需要的用户中，运用非常广泛。

5.桌橱结合式

充分利用桌面剩余空间，把桌子与橱柜相结合。

此外还有其他多功能的家具设计，如沙发床及利用家具单元做各种用途的拼装组合家具。当在考虑空间功能和组织的时候，另一个值得注意的问题是，除上述所说的有形空间外，还存在"无形空间"或称心理空间。

实验证明，某人在阅览室里，当周围到处都是空座位而不去坐，却偏要紧靠一个人坐下，那么后者不是局促不安地移动身体，就是悄悄走开，这种感情很难用语言表达。在图书馆里，那些想独占一处的人，就会坐在长方桌一头的椅子上，那些竭力不让他人和他并坐的人，就会占据桌子两侧中间的座位，在公园里，先来的人坐在长凳的一端，后来者就会坐在另一端，此后行人对是否要坐在中间位置上，往往犹豫，这种无形的空间范围圈，就是心理空间。

室内空间的大小、尺度、家具布置和座位排列，以及空间的分隔等，都应从物质需要和心理需要两方面结合起来考虑。设计师是物质环境的创造者，不但应关心人们的物质需求，更要了解人的心理需求，并通过优美环境来影响和提高人的心理素质，把物质空间和心理空间统一起来。

（五）空间形式与构成

世界上的一切物质都是通过一定的形式表现出来的，室内空间的表现也不例外。建筑就其形式而言，就是一种空间构成，但并非有了建筑内容就能自然生长、产生出形式来。功能决不会自动产生形式，形式是靠人类的形象思维产生的，形象思维在人的头脑中有广阔的天地。因此，同样的内容也并非只有一种形式才能表达。研究空间形式与构成，就是为了更好地体现室内的物质功能与精神功能的要求。形式和功能，两者是相辅相成、互为因果、辩证统一的。研究空间形式离不开对平面图形的分析和空间图形的构成。

空间的尺度与比例，是空间构成形式的重要因素。在三维空间中，等量的比例如正方体，规律，没有方向感，但有严谨、完整的感觉。不等量的比例如长方体、椭圆体，具有方向感，比较活泼，富有变化的效果。在尺度上应协调好绝对尺度和相对尺度的关系。任何形体都是由不同的线、面、体所组成。因此，室内空间形式主要决定于界面形状及其构成方式。有些空间直接利用上述基本的几何形体，更多的情况是，进行一定的组合和变化，使得空间构成形式丰富多彩。

建筑空间的形成与结构、材料有着不可分割的联系，空间的形状、尺度、比例以及室内装饰效果，在很大程度上取决于结构组织形式及其所使用的材料质地，把建筑造型与结构造型统一起来的观点，越来越被广大建筑师所接受。艺术和技术相结合产生的室内空间形象，正反映了建筑空间艺术的本质，是其他艺术所无法代替的。例如，奈尔维设计的罗马奥林匹克体育馆，由顶制菱形受力构件所组成的圆顶，形如美丽的葵花，具有十分动人的韵律感和完美感，充分显示了工程师的高度智慧，是技术和艺术的结晶。

由上可知，建筑空间装饰的创新和变化，首先要在结构造型的创新和变化中去寻找美的规律，建筑空间的形状、大小的变化，应和相应的结构系统取得协调一致。要充分利用结构造型美来作为空间形象构思的基础，把艺术融于技术之中。这就要求设计师必须具备必要的结构知识，熟悉和掌握现有的结构体系，并对结构从总体到局部，具有敏锐的、科学的和艺术的综合分析。

结构和材料的暴露与隐藏、自然与加工是艺术处理的两种不同手段，有时宜藏不宜露，有时宜露不宜藏，有时呈现自然之质朴，有时需求加工之精巧，技术和艺术既有统一的一面，也有矛盾的一面。

同样的形状和形式，由于视点位置的不同，视觉效果也不一样。因此，通过空间轴线的旋转，形成不同的角度，使同样的空间有不同的效果。也可以通过对空间比例、尺度的变化使空间取得不同的感受。例如，中国传统民居以单一的空间组合成丰富多样的形式。

现代建筑充分利用空间处理的各种手法，如空间的错位、错叠、穿插、交错、切割、旋转、裂变、退台、悬挑、扭曲、盘旋等，使空间形式构成得到充分的发展。但是要使抽象的几何形体具有深刻的表现性，达到具有某种意境的室内景观，还要求设计者对空间构成形式的本质具有深刻的认识。

从具象到抽象，由感性到理性，由复杂到简练，从客观到主观，没有一个艺术家能离开这条路，或者走到极端，或者在这条路上徘徊。我们且不谈其他艺术应该走什么道路，但对建筑来说，由于建筑本身是由几何形体所构成，不论设计师有意或无意，建筑总是以其外部的体量组合，由内部的空间构成，呈现于人们的面前。承认建筑是艺术也好，不承认建筑是艺术也好，建筑的这种存在的客观现实，是不以人们的意志为转移的，人们必须天天面对它，接受它的影响。因此，如果把建筑艺术作为一种象征性艺术，那么它的艺术表现的物质基础，也就只能是抽象的几何形体组合和空间构成了。

（六）空间的类型

空间的类型或类别可以根据不同空间构成所具有的性质和特点来加以区分，以利于在设计组织空间时选择和运用。

1.固定空间和可变空间（或灵活空间）

固定空间是一种经过深思熟虑的使用不变、功能明确、位置固定的空间，因此可以用固定不变的界面围隔而成。如目前居住建筑设计中常将厨房、卫生间作为固定不变的空间，确定其位置，而其余空间可以按用户需要自由分隔。

可变空间则与此相反，为了能适合不同使用功能的需要而改变其空间形式，因此常采用灵活可变的分隔方式，如折叠门、可开可闭的隔断，以及影院中的升降舞台、活动墙面、天棚等。

2. 静态空间和动态空间

静态空间一般说来形式比较稳定，常采用对称式和垂直水平界面处理。空间比较封闭，构成比较单一，视觉常被引导在一个方位或落在一个点上，空间常表现得非常清晰明确，一目了然。家具做封闭形周边布置，天花板、地面上下对应，吊灯位于空间的几何中心，空间限定得十分严谨动态空间，或称为流动空间，往往具有空间的开敞性和视觉的导向性，界面（特别是曲面）组织具有连续性和节奏性，空间构成形式富有变化性和多样性，常使视线从这一点转向那一点。开敞空间连续贯通之处，正是引导视觉流通之时，空间的运动感既在于塑造空间形象的运动性上，如斜线、连续曲线等，更在于组织空间的节律性上。如锯齿形式有规律的重复，使视觉处于不停流动的状态。

3. 开敞空间和封闭空间

开敞空间和封闭空间也有程度上的区别，如介于两者之间的半开敞和半封闭空间。它取决于房间的适用性质和周围环境的关系，以及视觉上和心理上的需要。在空间感上，开敞空间是流动的、渗透的。它可提供更多的室内外景观和扩大视野；封闭空间是静止的、凝滞的，有利于隔绝外来的各种干扰。在使用上，开敞空间灵活性较大，便于经常改变室内布置，而封闭空间提供了更多的墙面，容易布置家具，但空间变化受到限制，同时，和大小相仿的开敞空间比较显得要小。在心理效果上，开敞空间常表现为开朗的、活跃的；封闭空间常表现为严肃的、安静的或沉闷的，但富有安全感。在对景观关系和空间性格上，开敞空间是收纳性的、开放性的，而封闭空间是拒绝性的。因此，开敞空间表现为更带公共性和社会性，而封闭空间更带私密性和个体性。对于规模较大的重要公共建筑，空间的开敞性和封闭性还应结合整个空间序列布置来考虑。

4. 空间的肯定性和模糊性

界面清晰、范围明确、具有领域感的空间，称肯定空间。一般私密性较强的封闭型空间常属于此类。

在建筑中凡属似是而非、模棱两可，而无可名状的空间，通常称为模糊空间。在空间性质上，它常介于两种不同类别的空间之间，如室外、室内，开敞、封闭等；在空间位置上常处于两部分空间之间而难以界定其所归属的空间，亦此亦彼。

由此而形成空间的模糊性、不定性、多义性、灰色性，从而富于含蓄性和耐人寻味，常为设计师所宠爱，多用于空间的联系、过渡、引申等。许多采用套间式的房间，空间界线也不十分明确。

5.虚拟空间和虚幻空间

虚拟空间是指在界定的空间内，通过界面的局部变化而再次限定的空间，如局部升高或降低地坪或天棚，或以不同材质、色彩的平面变化来限定空间，等等。

虚幻空间，是指室内镜面反映的虚像，把人们的视线带到镜面背后的虚幻空间去，于是产生空间扩大的视觉效果，有时还可通过几个镜面的折射，把原来平面的物件造成立体空间的幻觉，紧靠镜面的物体，还能把不完整的物件（如半圆桌），造成完整的物件（圆桌）的假象。因此，室内特别狭小的空间，常利用镜面来扩大空间感，并利用幻觉装饰来丰富室内景观。除镜面外，有时室内还利用有一定景深的大幅画面，把人们的视线引向远方，造成空间深远的意象。

（七）空间的分隔与联系

室内空间的组合，从某种意义上讲，也就是根据不同使用目的，对空间在垂直和水平方向进行各种各样的分隔和联系，通过不同的分隔和联系方式，为人们提供良好的空间环境，满足不同活动的需要，并使其达到物质功能与精神功能的统一。上述不同空间类型或多或少与分隔和联系的方式分不开。空间的分隔和联系不单是一个技术问题，也是一个艺术问题，除了从功能使用要求来考虑空间的分隔和联系外，对分隔和联系的处理，如它的形式、组织、比例、方向、线条、构成以及整体布局等，整个空间设计效果有着重要意义，反映出设计的特色和风格。良好的分隔总是以少胜多，虚实得宜，构成有序，自成体系。

空间的分隔，应该处理好不同的空间关系和分隔的层次。首先是室内外空间的分隔，如入口、天井、庭院，它们与室外紧密联系，体现内外结合及室内空间与自然空间交融等。其次是内部空间之间的关系，主要表现在封闭和开敞的关系、空间的静止和流动的关系、空间序列的开合、扬抑的组织关系，空间的开放性与私密性的关系以及空间性格的关系。最后是个别空间内部在进行装修、布置家具和陈设时，对空间的再次分隔。这三种分隔层次应该在整个设计中获得高度的统一。

　　建筑物的承重结构，如承重墙、柱、剪力墙以及楼梯、电梯井和其他竖向管线井等，都是对空间的固定不变的分隔因素，因此，在划分空间时应特别注意它们对空间的影响，非承重结构的分隔材料，如各种轻质隔断、落地罩、博古架、帷幔、家具、绿化等分隔空间，应注意构造的牢固性和装饰性。此外，利用天棚、地面的高低变化或色彩、材料、质地的变化，可做象征性的空间限定，即上述虚拟空间的一种分隔方式。

（八）空间的过渡和引导

　　空间的过渡和过渡空间，是根据人们日常生活的需要提出来的，比如，当人们进入自己的家时，都希望在门口有块地方换鞋、放置雨伞、挂雨衣，或者为了家庭的安全性和私密性，也需要进入室前有块缓冲地带。又如，在影剧院中，为了不使观众从明亮的室外突然进入较暗的观众厅而引起视觉上的急剧变化的不适应，常在门厅、休息厅和观众厅之间设立渐次减弱光线的过度空间。这些都属于实用性的过渡空间。

（九）空间的序列

　　人的每一天活动都是在时空中体现出一系列的过程，静止是相对和暂时的，这种活动过程都有一定规律性或称行为模式。例如看电影，先要了解电影广告，进而去买票。然后在电影开演前略加休息或做其他准备活动（买小吃、上厕所等），最后观看（这时就相对静止）。看毕后由后门或旁门疏散，看电影这个活动就基本结束。而建筑物的空间设计一般也就按这样的序列来安排，这就是空间序列设计的客观依据。对于更为复杂的活动过程或同时进行多种活动，如参加规模较大的展览会，进行各种文娱社会活动和游园等，空间设计相应也要复杂一些，在序列设计上，层次和过程也相对增多。空间序列设计虽应以活动过程为依据，但仅仅满足行为活动的物质需要，是远远不够的，因为这只是一种"行为工艺过程"的体现而已，而空间序列设计除了按"行为工艺过程"要求，把各个空间作为彼此相互联系的整体来考虑外，还以此作为建筑时间、空间形态的反馈作用于人的一种艺术手段，以便更深刻、更全面、更充分地发挥建筑空间艺术对人心理上、精神上的影响。空间序列布置艺术，是我国建筑文化的一个重要内容。

1. 序列的全过程

序列的全过程一般可以分为下列几个阶段：

第一，起始阶段。这个阶段为序列的开端，开端的第一印象在任何时间艺术中无不予以充分重视，因为它与心理有着习惯性的联系。一般说来，具有足够的吸引力是起始阶段考虑的主要核心。

第二，过渡阶段。它既是起始后的承接阶段，又是出现高潮阶段的前奏，在序列中，起到承前启后、继往开来的作用，是序列中关键的一环。特别在长序列中，过渡阶段可以表现出若干不同层次和细微的变化，由于它紧接着高潮阶段，因此对最终高潮出现前所具有的引导、启示、酝酿、期待，乃是该阶段考虑的主要因素。

第三，高潮阶段。高潮阶段是全序列的中心，从某种意义上说，其他各个阶段都是为高潮的出现服务的，因此序列中的高潮常是精华和目的所在，也是序列艺术的最高体现。充分考虑期待后的心理满足和激发情绪达到巅峰，是高潮阶段的设计核心。

第四，终结阶段。由高潮回复到平静，以恢复正常状态是终结阶段的主要任务，它虽然没有高潮阶段那么显要，但也是必不可少的组成部分，良好的结束又似余音绕梁，有利于对高潮的追思和联想，耐人寻味。

2. 不同类型建筑对序列的要求

不同性质的建筑有不同的空间序列布局，不同的空间序列艺术手法有不同的序列设计章法。因此，在现实丰富多样的活动内容中，空间序列设计绝不会完全像上述序列那样一个模式，突破常例有时反而能获得意想不到的效果，这几乎也是一切艺术创作的一般规律。因此，在我们熟悉、掌握空间序列设计的普遍性外，在进行创作时，应充分注意不同情况下的特殊性。一般说来，影响空间序列的关键在于以下因素。

（1）序列长短的选择

序列的长短即反映高潮出现的快慢。由于高潮一出现，就意味着序列全过程即将结束，因此一般说来，对高潮的出现绝不轻易处置，高潮出现，层次必须增多，通过时空效应对人心理的影响必然更加深刻。因此，长序列的设计往往运用于强调高潮的重要性、宏伟性与高贵性。

（2）序列布局类型的选择

采取何种序列布局，决定于建筑的性质、规模、地形环境等因素。一般可分为对称式和不对称式，规则式或自由式。空间序列线路，一般可分为直线式、曲线式、循环式、迂回式、盘旋式、立交式，等等。我国传统宫廷寺庙以规则式和曲线式居多，而园林别墅以自由式和迂回曲折式居多，这对建筑性质的表达有重要作用。现代许多规模宏大的集合式空间，丰富的空间层次，常以循环往复式和立交式的序列线路居多，这和方便功能联系、创造丰富的室内空间艺术景观效果有很大的关系。

（3）高潮的选择

在某类建筑的所有房间中，总可以找出具有代表性的、反映该建筑性质特征的、集中一切精华所在的主体空间，常常把它作为选择高潮的对象，成为整个建筑的中心和参观来访者所向往的最后目的地。根据建筑的性质和规模不同，考虑高潮出现的次数和位置也不一样，多功能、综合性、规模较大的建筑，具有形成多中心、多高潮的可能性。即便如此，也有主从之分，整个序列似高潮起伏的波浪一样，从中可以找出最高的波峰。根据正常的空间序列，高潮的位置总是偏后，故宫建筑群主体太和殿和毛主席纪念堂的代表性空间瞻仰厅，均布置在全序列的中偏后，闻名世界的布置几乎都在全序列的最后。

3. 空间序列的设计手法

良好的建筑空间序列设计，宛似一部完整的乐章、动人的诗篇。空间序列的不同阶段和写文章一样，有起、承、转、合，和乐曲一样，有主题，有起伏，有高潮，有结束，也和剧作一样，有主角和配角，有矛盾双方的对立面，也有中间人物。通过建筑空间的连续性和整体性给人以强烈的印象、深刻的记忆和美的享受。

但是良好的序列章法还是要通过每个局部空间，包括装修、色彩、陈设、照明等一系列艺术手段的创造来实现的，因此，研究与序列有关的空间构图就成为十分重要的问题，一般应注意下列几方面。

（1）空间的导向性

指导人们行动方向的建筑处理，被称为空间的导向性。

良好的交通路线设计，不需要指路标和文字说明碑（如"此路不道"），而是用特有的语言传递信息，与人对话。许多连续排列的物体，如列柱、连续的柜台，甚至装饰灯具与绿化组合等，容易引起人们的注意而不自觉地跟随行动。有时也利用带有方向性的色彩、线条，结合地面和顶棚等的装饰处理，来暗示或强调人们行动的方向和提高人们的注意力。因此，室内空间的各种韵律构图和象征方向的形象性构图就成为空间导向性的主要手法。没有良好的引导，对空间序列是一种严重的破坏。

（2）视觉中心

在一定范围内引起人们注意的目的物称为视觉中心。空间的导向性有时也只能在有限的条件内设置，因此在整个序列的设计过程中，有时还必须依靠在关键部位设置引起人们强烈注意的物体，以吸引人们的视线，勾起人们向往的欲望，控制空间距离。视觉中心的设置一般是以具有强烈装饰趣味的物件为标志，因此，它既有被欣赏的价值，又在空间上起到一定的注视和引导作用，一般多在交通的入口处、转折点和容易迷失方向的关键部位设置有趣的动静雕塑，华丽的壁饰、绘画，形态独特的古玩，奇异多姿的盆景……这是常用为视觉中心的好材料。有时也可利用建筑构件本身，如形态生动的楼梯、金碧辉煌的装修，引起人们的注意，吸引人们的视线，必要时还可配合色彩照明加以强化，进一步突出其重点作用。因此，在进行室内装修和陈设布置时，除了美化室内环境外，还必须充分考虑作为视觉中心职能的需要。

（3）空间构图的对比与统一

空间序列的全过程，就是一系列相互联系的空间过渡。对不同序列阶段，在空间处理上（空间的大小、形状、方向、明暗、色彩、装修、陈设……）各有不同，以造成不同的空间气氛，但又彼此联系，前后衔接，形成按照章法要求的统一体。空间的连续过渡，前一空间就为后来空间做准备，按照总的序列格局安排，来处理前后空间的关系。一般来说，在高潮阶段出现以前，一切空间过渡的形式可能，也应该有所区别，但在本质上应基本一致，以强调共性，一般应以"统一"的手法为主。但作为紧接高潮前准备的过渡空间，往往就采取"对比"的手法，诸如先收后放、先抑后扬、欲明先暗等等，不如此不足以强调和突出高潮阶段的到来。

（十）空间形态的构思和创造

随着社会生产力的不断发展，文化技术水平的提高，人们对空间环境的要求也将越来越高，而空间形态乃是空间环境的基础，它决定空间的总体效果，对空间环境的气氛、格调起着关键作用。室内空间的各种各样的不同处理手法和不同的目的要求，最终将凝结在各种形式的空间形态之中。人类经过长期的实践，对室内空间形式的创造积累了丰富的经验，但由于建筑室内空间的无限丰富性和多样性，特别对于在不同方向、不同位置空间上的相互渗透和融合，有时确实很难找出恰当的临界范围而明确地划分这一部分空间和那一部分空间，这就为室内空间形态分析带来一定的困难。然而，当人们抓住了空间形态的典型特征及其处理方法的规律，也就可以从浩如烟海、眼花缭乱、千姿百态的空间中理出一些头绪来。

1.常见的基本空间形态

（1）下沉式空间（也称地坑）

室内地面局部下沉，在统一的室内空间中就产生了一个界限分明、富有变化的独立空间。由于下沉地面标高比周围的要低，因此有一种隐蔽感、保护感和宁静感，使其成为具有一定私密性的小天地。人们在其中休息、交谈也倍觉亲切，在其中工作、学习，较少受到干扰。同时随着界点的降低，空间感觉增大，并对室内外景观也会引起不同凡俗的变化，并能适用于多种性质的房间。根据具体条件和不同要求，可以有不同的下降高度，少则一两阶，多则四五阶不等，对高差交界的处理方式也有许多方法，或布置矮墙绿化，或布置沙发座位，或布置书柜、书架以及其他储藏用具和装饰物，可由设计师任意创作。高差较大者应设围栏，但一般来说高差不宜过大，尤其不宜超过一层高度，否则就会如楼上、楼下和进入底层地下室的感觉，失去了下沉空间的意义。

（2）地台式空间

与下沉式空间相反，如将室内地面局部升高也能在室内产生一个边界十分明确的空间,但其功能和作用几乎和下沉式空间相反,由于地面升高形成一个台座,在和周围空间相比会十分醒目突出,因此它们的用途适合于惹人注目的展示和陈列或眺望。许多商店常利用地台式空间将最新产品布置在那里,使人们一进店堂就可一目了然,很好地发挥了商品的宣传作用。美国纽约诺尔新陈列室,以地台方式展出家具,这些色彩鲜明的家具排列紧密,俨然一幅五彩缤纷的立体抽象图案。现代住宅的卧室或起居室虽然面积不大,但也利用地面局部升高的地台布置床位或座位,有时还利用升高的踏步直接当作座席使用,使室内家具和地面结合起来,产生更为简洁而富有变化的新颖的室内空间形态。此外,还可利用地台进行通风换气,改善室内的气候环境。

(3)凹室与外凸空间

凹室是在室内局部退进的一种室内空间形态,特别在住宅建筑中运用比较普遍。由于凹室通常只有一面开敞,因此在大空间中自然比较少受干扰,能形成安静的一角,有时常把天棚降低,造成具有清静、安全、亲密感的特点,是私密性较高的一种空间形态。根据凹进的深浅和面积大小的不同,可以作为多种用途的布置,在住宅中多数利用它布置床位,这是最理想的私密性位置。有时甚至在家具组合时,也特地空出能布置座位的凹角。在公共建筑中常用凹室,避免人流穿越干扰,获得良好的休息空间。许多餐厅、茶室、咖啡厅,也常利用凹室布置雅座。对于长内廊式的建筑,如宿舍、门诊、旅馆客房、办公楼等,适当间隔布置一些凹室,作为休息等候场所,可以避免空间的单调感。

凹凸是一个相对概念,如凸式空间对内部空间而言就是凹室,对外部空间而言是向外凸出的空间。如果周围不开窗,从内部而言仍然保持了凹室的所有特点,但这种不开窗的外凸式空间,在设计上一般没有多大意义。除非外形需要,或仅能作为外凸式楼梯、电梯等使用,大部分的外凸式空间希望将建筑更好地伸向自然、水面,达到三面临空,饱览风光,使室内外空间融合在一起,或者为了改变朝向方位,采取锯齿形的外凸空间,这是外凸式空间的主要优点。住宅建筑中的挑阳台、日光室都属于这一类。外凸式空间在西洋古典建筑中运用得比较普遍,因其有一定特点,故至今在许多公共建筑和住宅建筑中也常采用。

（3）回廊与挑台

回廊与挑台也是室内空间中独具一格的空间形态。回廊常用于门厅和休息厅，以增强其入口宏伟壮观的第一印象和丰富垂直方向的空间层次。结合回廊，有时还常利用扩大楼梯休息平台和不同标高的挑平台，布置一定数量的桌椅作为休息交谈的独立空间，并造成高低错落、生动别致的室内空间环境。由于挑台居高临下，提供了丰富的俯视视角环境，现代旅馆建筑中的中庭，许多是多层回廊挑台的集合体，并表现出多种多样处理手法和不同效果，借以吸引广大游客。

（4）交错、穿插空间

城市中的立体交通，车水马龙，川流不息，显示出一个城市的活力，也是繁华城市壮观的景象之一。现代室内空间设计亦早已不满足于习惯的封闭六面体和静止的空间形态，在创作中也常把室外的城市立交模式引进室内，不但对于大量群众的集合场所如展览馆、俱乐部等建筑，在分散和组织人流上颇为相宜，而且在某些规模较大的住宅中也有使用。在这样的空间中，人们上下活动，交错川流，俯仰相望，静中有动，不但丰富了室内景观，也确实给室内环境增添了生气和活跃气氛。这里可以回忆著名建筑落水别墅，其之所以特别被人推崇，除了其他因素之外，不能不指出该建筑的主体部分成功地塑造出的交错式空间构图起到了极其关键的作用。交错、穿插空间形成的水平、垂直方向空间流通，具有扩大空间的效果。

（5）母子空间

人们在大空间一起工作、交谈或进行其他活动，有时会感到彼此干扰，缺乏私密性，空旷而不够亲切；而在封闭的小房间虽避免了上述缺点，但又会产生工作上不便和空间沉闷、闭塞的感觉。采用大空间内围隔出小空间，这种封闭与开敞相结合的办法可使二者得兼，因此在许多建筑类型中被广泛采用。甚至有些公共大厅如柏林爱乐音乐厅，把大厅划分成若干小区，增强了亲切感和私密感，更好地满足了人们的心理需要。这种强调共性中有个性的空间处理，强调心（人）、物（空间）的统一，是公共建筑设计中的一大进步。现在有许多公共场所，厅虽大，但使用率很低，因为常常在这样的大厅中找不到一个适合少数几个人交谈、休息的地方。当然也不是说所有的公共大厅都应分小隔小，如果处理不当，有时也会失去公共大厅的性质或被分隔得支离破碎，所以按具体情况灵活运用，这是任何母子空间成败的关键。

（6）共享空间

波特曼首创的共享空间，在各国享有盛誉，它以其罕见的规模和内容、丰富多彩的环境、独出心裁的手法，将多层内院打扮得光怪陆离、五彩缤纷。从空间处理上讲，共享大厅可以说是一个具有运用多种空间处理手法的综合体系。现在也有许多像四季厅、中庭等一类的共享大厅，在各类建筑中竞相效仿，相继诞生。但某些大厅却缺乏应有的活力，很大程度上是由于空间处理不够生动，没有恰当地融汇各种空间形态。变则动，不变则静，单一的空间类型往往是静止的感觉，多样变化的空间形态就会形成动感。波特曼式的共享大厅的特点之一就在于此。

2. 室内空间的设计手法

内部空间的多种多样的形态，都是具有不同的性质和用途的，它们受到决定空间形态的各方面因素的制约，绝非任何主观臆想的产物。因此，要善于利用一切现实的客观因素，并在此基础上结合新的构思，特别要注意化不利因素为有利因素，这才是室内空间创造的唯一源泉和正确途径。

（1）结合功能需要提出新的设想

许多真正成功的优秀作品，几乎毫无例外地紧紧围绕着"用"字下功夫，以新的形式来满足新的用途，就要有新的构思。

（2）结合自然条件，因地制宜

自然条件在各地有许多不同，如气候、地形、环境等的差别，特别是建设地段的限制在高度密集的城市中更显著。这种不利条件往往可以转变为有利条件，产生别开生面的内外空间。

（3）结构形式的创新

结构的受力系统有一般的规律，但汲取的形式是可以千变万化的，正像自然界的生物一样，都有同一的结构体系，却反映出千姿百态的类别。这里仅以美国北卡罗来纳达勒姆某公司总部为例，该建筑由于采取平头"A"字形骨架，斜向支承杆件在顶部由横梁连接，使内部空间别具一格。

（4）建筑布局与结构系统的统一与变化

建筑内部的空间布局，在限定的结构范围内，在一定程度上既有制约性，又有极大的自由性。换句话说，即使结构没有创新，但内部建筑布局依然可以有所创新，有所变化。例如以统一柱网的框架结构而论，为了使结构体系简单、明确、合理，一般说来，柱网系列是十分规则和简单的，如果完全死板地跟着柱网的进深、开间来划分房间，即结构体系和建筑布局完全相对应。那么，所有房间的内部空间就将成为不同网格倍数的大大小小的单调的空间。但如果不完全按柱网轴线来划分房间，则可以造成很多内部空间的变化。

二、室内空间的分隔

（一）室内设计的诠释

室内设计就是对建筑物的内部空间进行设计。室内设计作为独立的综合性学科，于20世纪60年代初形成，在世界范围内开始再现室内设计概念。自古以来，室内设计从属于建筑设计，为建筑师主持，没有得到应有的重视。人们对室内设计也看得很简单，没有认识到它是空间艺术、环境艺术的综合反映。17世纪，因室内设计与建筑主体分离，室内装饰风格、样式逐渐发展变化。19世纪以后，室内设计开始强调功能性，追求造型单纯化，并考虑经济、实用、耐久。20世纪初室内装饰反趋向衰落，而强调使用功能以合理形态表现。

现代室内设计是根据建筑空间的使用性质和所处环境，运用物质技术手段和艺术处理手法，从内部把握空间，设计其形状和大小。为了满足人们在室内环境中能舒适地生活和活动，而整体考虑环境和用具的布置设施。那么，室内设计的根本目的，在于创造满足物质与精神两方面需要的空间环境。

（二）空间分割的作用

室内空间要采取什么分隔方式，既要根据空间的特点和功能使用要求，又要考虑空间的艺术特点和人的心理需求。前面提到，空间各组成部分之间的关系，主要是通过分隔的方式来体现的，空间的分隔换种说法就是对空间的限定和再限定。至于空间的联系，就要看空间限定的程度（隔离视线、声音、湿度等），即限定度。同样的目的可以有不同的限定手法，同样的手法也可以有不同的限定程度。但他们以不同的具体材料、不同的具体色彩并按不同方式组合后形成的空间却是丰富多样的。同样是为了分隔空间，比如在一个餐厅中，用屏风、矮墙、花台、栏杆等不同的手法，心理效果会有很大的不同。用什么材料、什么造型，看上去是否稳定，位置是高是低，是否遮挡视线，是否可以依靠等，这一系列因素都在不同程度上影响了它所限定的空间。因此，室内空间的限定实际上可以理解为是在原有的母空间中的再限定。

对室内设计进行空间组合。而空间各组成部分之间的关系，主要是通过分隔的方式来完成的。当然，空间的分割与联系也是相对的，相辅相成。从空间的整体要求看，只谈分隔不谈联系，或只谈联系不谈分隔，都不可能体现现代空间设计的环境整体意识，也不可能满足人们在室内空间的各种生活活动和精神方面的要求。要采取什么分隔方式，既要根据空间的特点和功能使用要求，又要考虑空间的艺术特点和人的心理要求。空间的分隔和联系，是室内空间设计的重要内容。分隔的方式，决定了空间之间联系的程度，分隔的方法则在满足不同的分隔要求的基础上，创造出美感、情趣和意境。

空间要表现出层次，要有相对的公共性与私密性的领域，并且要有一系列有象征、可被识别的标志加以区分。在这里，对场所的强调，实际上也就是对领域感的强调。领域感的形成正是室内空间具体化的体现，包含有人在其中从事某种或某几种活动的含义。强调领域感就是要把空间与人的社会活动与人们心理上的要求统一起来。这是空间设计创作中不容忽视的重要内容之一。

对于不同功能、不同空间特点的室内，其领域感的满足和私密性的形成都有不同的具体处理手法。像居住空间，对卧室的私密性要求很高，空间分隔也就尽量以绝对分隔为主，空间界限非常明确，具有全面抗干扰的能力，保证了安静、私密的功能需求。而起居室中的会客区域，有时以家具进行象征性分隔，再加上局部装饰地毯进行强化，这样领域感便形成了。但这只是象征性的，是一种心理感受形成虚拟的领域感，其空间划分隔而不断，通透连贯，流动性极强。

（三）现代室内设计中空间的分隔的方式

"设计"是处理人的生理、心理与环境关系的问题。室内空间设计是反映人类物质生活和精神生活的一面镜子，是生活创造的舞台。现代室内空间设计就是运用艺术和技术的手段，依据人们生理和心理要求的室内空间环境。它是为了人们室内生活的需要而创造、组织理想生活时空的室内科技设计。室内空间的分隔可以按照功能需求做种种处理，随着应用物质的多样化、立体的、平面的、相互穿插的、上下交叉的，加上采光、照明的光影、明暗、虚实、陈设的简繁及空间曲折、大小、高低和艺术造型等种种手法，都能产生形态繁多的空间分隔。

1. 封闭式分隔

采用封闭式分隔的目的，是为了对声音、视线、温度等进行隔离，形成独立的空间。这样相邻空间之间互不干扰，具有较好的私密性，但是流动性较差。一般利用现有的承重墙或现有的轻质隔墙隔离，多用于卡拉 OK 包厢、餐厅包厢及居住性建筑。

2. 半开放式分隔

空间以隔屏，透空式的高柜、矮柜，不到顶的矮墙或透空式的墙面来分隔空间，其视线可相互透视，强调与相邻空间之间的连续性与流动性。

3. 象征式分隔

空间以建筑物的梁柱、材质、色彩、绿化植物或地坪的高低差等来区分两间。其空间的分隔性不明确、视线上没有有形物的阻隔，但通过象征性的区隔，在心理层面上仍是区隔的两个空间。

4. 弹性分隔

有时两个空间之间的分隔方式居于开放式隔间或半开放式隔间之间，但在有特定目的时可利用暗拉门、拉门、活动帘、叠拉帘等方式分隔两个空间。例如，卧室兼起居或儿童游戏空间，当有访客时将卧室门关闭，可成为一个独立而又具有隐私性的空间。

5. 局部分隔

采用局部分隔的目的，是为了减少视线上的相互干扰，对于声音、温度等没有分隔。局部分隔的方法是利用高于视线的屏风、家具或隔断等。这种分隔的强弱由分隔体的大小、形状、材质等方面的不同决定。局部划分的形式有四种，即一字形垂直划分、L 形垂直划分、U 形垂直划分、平行垂直面划分等，局部分隔多用于大空间内划分小空间的情况。

6. 列柱分隔

柱子的设置是出于结构的需要，但有时也用柱子来分隔空间，丰富空间的层次与变化。柱距越近，柱身越细，分隔感越强。在大空间中设置列柱，通常有两种类型：一种是设置单排列柱，把空间一分为二；一种是设置双排列柱，将空间一分为三。一般是使列柱偏于一侧，使主体空间更加突出，而且有利于功能的实现。设置双列柱时，会出现三种可能，一种是将空间分成三部分，二是会使边跨大而中跨小，三是边跨小而中跨大。其中第三种方法是普遍采用的，它可以使主次分明，空间完整性较好。

7. 利用基面或顶面的高差变化分隔

利用高差变化分隔空间的形式限定性较弱，只靠部分形体的变化给人以启示、联想划定空间。空间的形状装饰简单，却可获得较为理想的空间感。常用方法有两种：一是将室内地面局部提高；二是将室内地面局部降低。两种方法在限定空间的效果上相同，但前者在效果上具有发散的弱点，一般不适合内聚性的活动空间，在居室内较少使用。后者内聚性较好，但在一般空间内不允许局部过多降低，较少采用。顶面高度的变化方式较多，可以使整个空间的高度增高或降低，也可以是在同一空间内通过看台、排台、悬板等方式将空间划分为上下两个层次，既可扩大实际空间领域，又能丰富室内空间的造型效果，多用于公共空间环境。

8. 利用建筑小品、灯具、软隔断分隔

通过喷泉、水池、花架等建筑小品对室内空间进行划分，不但能保持大空间的特性，而且这种方式既能活跃气氛，又能起到分隔空间的作用。利用灯具对空间进行划分，即通过挂吊式灯具或其他灯具的适当排列并布置相应的光照。所谓的软隔断就是为珠帘及特制的折叠连接帘，多用于住宅类、水面、工作室等起居室之间的分隔。

（四）现代室内设计中空间的分隔的注重点

现代室内设计中空间的分隔主要体现在光环境、色彩、声与材质上。

　　就人的视觉来说，没有光就没有一切。空间通过光得以体现，没有光则没有空间。在室内空间环境中，光不仅是为满足人们视觉功能的需要，而且是一个重要的美学因素。光可以形成空间、改变空间或破坏空间，它直接影响物体、空间的大小、形状、质地和色彩的感知。光环境是由光（照度和布置）与色调、饱和度及显色性在室内空间中建立的与空间形状有关的生理和心理环境，是现代建筑和室内设计中一个重要的有机组成部分。它既是科学，又是艺术。

　　良好的采光设计也并非意味着大片的玻璃窗，而是恰当的布置方式，即恰当的数量与质量。影响采光设计的因素很多，包括照度、气候、景观、室外环境等，另外不仅要考虑直射光，而且还有漫射光和地面的反射光。同时，采光控制也是应该考虑的，它的主要作用是降低室内过分的照度，影响室内空间的功能和层次。

　　光和色不能分离，这一点是不言而喻的。色彩设计作为室内空间分隔设计中的一种手段，当它与室内空间、采光、室内陈设等融为一个有机整体时，才算是有效的。因此，室内空间的整体性不但不排斥反而需要色彩系统的整体性。可以这样认为，色彩既然与室内环境的其他因素相依附（如色彩在室内环境中主要依附与空间界面、家具、装饰、绿化等物体），那么对色彩的处理就要依据建筑的性格、室内的功能、停留时间长短等因素，进行协调或对比，使之趋于统一。

　　艺术材质的选用，是室内空间分隔设计中直接关系到使用效果和经济效益的重要环节。对于室内空间的饰面材料，同时具有使用功能和人们的心理感受两方面要求。对材质的选择不仅要考虑室内的视觉效果，还应注意人通过触摸而产生的感受和美感，例如坚硬平滑的大理石、花岗岩、金属，轻柔、细软的室内织物，以及自然亲切的木质材料，等等。随着工业文明的迅速发展，人们对室内空间材质的要求逐渐把目光移向大自然，"回归大自然"成为室内设计的一大重要发展趋势，一些天然材料开始受到设计师和大众的宠爱。

　　空间是固定的，而光线、色彩与材质上是可以灵活运用的。而通过光线、色彩与材质上的灵活运用又更体可以现出空间分隔的妙处。总之，现代室内设计环境中的光、色、质最终会融为一体，赋予人们以综合的心理感受。

（五）现代室内设计中空间的分隔的新趋势

现代室内设计中空间的分隔有了一些新的趋势。美国住宅的内部设计正反映了这种室内设计的新趋势，考虑了空间的流动感和视线的赏心悦目。

五大功能区的划分使室内设计科学地体现了日常生活中对空间利用的规律，满足了主人饮食起居、交流礼仪等各方面的家庭生活需要，是对建筑设计非常有价值的革新，是最值得倡导的一点。在五大功能区的设计中设计师又特别注重礼仪和私密空间的营造，体现了当代人更高层次的精神和心理需求，是对人性更深刻的体贴。

现代室内空间的设计呈现千姿百态、眼花缭乱的态势。回顾过去，展望未来，更重要的是面对现实。当今的社会经济和环境使人们日益感到现代的审美价值观念难以适应资源日益枯竭的高科技社会，新技术和新问题促使设计师努力探索用来表达时代需求和解决问题的新方法和新形式。各种设计风格、流派、样式所形成的多元化局面也落到了实处，并提供了自由竞争的可能性和良好的育人环境，随之将给我们带来室内环境艺术设计与理论的真正繁荣。

第二节 室内陈设设计

一、室内陈设的构成要素

（一）字画

家庭室内布置的工艺品主要分为实用工艺品与欣赏工艺品两种。搪瓷制品、塑料品、竹编、陶瓷壶等均属于实用工艺品；挂毯、挂盘、各种工艺装饰品、牙雕、木雕、石雕等均属于装饰工艺品。茶具、咖啡具等，实用、装饰两者兼而有之。中国画和书法则是艺术品，也经常会用于布置室内环境。

在布置装饰工艺品的时候，一定要注意构图章法，要考虑到装饰品与家具的关系，以及它与空间宽窄的比例关系，如何布置，都要细心推敲。比如，某一部分色彩平淡，可以放一个色彩鲜艳的装饰品，这一部分就可以丰富起来。在盆景边放置一小幅字画，景与字相衬，景与画相映，能给室内增添情趣。在空间狭小的室内挂一幅景致比较开阔的风景画，在视觉上能增加室内空间的深度，仿佛把大自然的景色一览无余地搬到了室内，使人心旷神怡，身心舒畅。

中国字画是我国传统的艺术品，其笔法的巧拙雄媚，其墨色的浓淡轻重，其题词的隽逸含蓄，其装裱的工整讲究，都会使人从中得到极高的艺术享受。在现代的室内，如能挂上一两幅名人字画，会使室内顿时高雅起来。在单元楼的房间内，则以张挂尺幅小品、形式感更强的字画较为合适。现在，国外的家庭室内常以装饰性较强、很抽象的几何图形布置，甚至摆设也都是几何形体，简朴的工艺品，或者带有古朴味道的古典刀、兽皮等，会使室内具有简朴的风味。

在陈设观赏工艺品的时候，也应该考虑其角度和欣赏位置。工艺品所放的位置，要尽可能使观赏者不用踮脚、哈腰或屈膝来观赏。所以，在家庭室内陈设一件装饰工艺品的时候，不能够随意乱摆乱挂，既要选择工艺品自身的造型、色彩，也应该考虑到它的形状、大小、高低，位置、色彩与周围环境的比例、对照、呼应以及构图的疏密关系，等等。总之，室内布置要少而精，宁缺毋滥，不要挂得太乱、太满，不留余地，给人一种不适之感。不必一味追求珠光宝气而使人眼花缭乱、要遵循豪华适度的原则。

（二）采用电器

由于电子技术的发展和人民生活水平的逐步提高，家用电器如电视机、录音机、落地式收音机、音箱、洗衣机、电风扇、电冰箱、厨房电器等在许多家庭中出现。这些家用电器，既是实用工业品，又是室内重要的陈设，它逐渐成为现代家庭生活中不可缺少的组成部分。我国不少家庭的室内环境、家具和这些家用电器似乎还不那么完全适应。如住平房的家庭，买了洗衣机，但室内没有上下水道，使用起来很不方便；买了电视机，却没有相应的家具来放置电视机。现在有许多家庭把电视机放在饭桌上、写字台上，或者放在高低不适的柜橱上，甚至箱子盖上，既影响了电视机的美观，收视效果也不好。如果单独做一个电视机箱架，电视机有了独立固定的位置，就方便多了。如果箱架做得精致一些，和造型美观的电视机相衬，陈设效果会更佳。有条件的话，最好能自制一个组合柜，把电视机放在组合柜内，再配置一些装饰小品、书籍，艺术效果会更好一些。收看电视，要注意距离适当，座位与荧光屏距离一般应五倍于荧光屏的尺寸。晚上收看时，室内最好开一盏三支光的小电灯，光线不要反射荧光屏，安于电视机后侧为宜，这样既不影响收视效果，又不损害人的视力。

为了不影响孩子做功课、睡觉，电视机应当放在大人的卧室中，只有一间屋子的话，要以衣柜或挂帘分隔，减少光线和音响的干扰。电视机不用时，应外加一个电视机罩，既能保护电视机，又有一定的装饰作用。罩子最好用平绒布或其他棉织品缝制，不要使用塑料罩子，因为塑料罩不透气。收视后不要马上放罩，以免影响电视机散热。许多音乐爱好者都喜欢在家里安置音箱，音箱的大小和音量功率的大小都要与房间的大小成比例，大房间用大音箱，小房间用小音箱。音箱与收听人的距离一般为 3 ~ 5 米。音箱可以放在地上、桌上，也可以和其他家具组合在一起。室内使用两个音箱时，要放在屋子的两侧，距离可在 1 ~ 3 米之间，两个音箱的距离与收听人的距离呈等边三角形（即收听人与两个音箱的距离相等），这样收听效果较好。如采用四个音箱，则把音箱放于屋子四角，人在屋子中间收听，收听的效果也最理想。

总之，在安置家用电器时，要注意和家具及其他器物的组织联系。在家庭室内，常常利用这些精美的家用电器和家具、植物等组织在一起，构成室内优雅、宁静、舒适、亲切的气氛。把居室布置成为高雅、素朴、美观、大方、和谐、情趣崇尚的理想生活环境，能使人得到安静、舒适的休息。

（三）室内陈设设计的要点

1.简洁

首先应注意体现简洁，达到没有华丽、多余的附加物，体现"少而高"，把室内陈设减少到最小的必要程度，"少就是多，简洁就是丰富"；选择形式微妙或夸张，是体现室内环境的重要因素之一。

2.创新

突破一般规律，创新程度可大可小，从整体效果考虑，要提倡有突破性、有个性，通过创新反映独特的效果。

3.和谐

和谐含有协调之意，陈设的选择在满足功能的前提下要和室内环境和多种物体相协调，形成一个整体；和谐包括品种、造型、规格、材质、色调的选择，陈设要使室内环境给人们心理和生理上的宁静、平和、温情等效果。

4. 色调

陈设的色调构成整体效果，陈设要选用不同的色相作为基调，在选定时要结合建筑装饰的整体色调，适度协调反映出最佳效果，在定色调时还要考虑光源影响，要考虑陈设物的色调对光源的吸收和反射后呈现出各种色彩的现象，不同的波长、可见光会引起人们视觉上不同的色彩感觉。在选择色调时注意到如红、黄、橙具有温暖的感觉，青、蓝、绿具有冷调、沉静的反映。

5. 有序

有序是一切美感的根本，是反复、韵律、渐次和谐的基础，也是比例、平衡对比的根源，组织有规律的空间形态能产生井然有序的美感，有条有理有序是整齐的美，越复杂的造型在环境中构成的条理就越发需要。在室内陈设中，如大宴会厅的圆桌有规律地排列、剧院中的座位成形排列、大空间的立柱等轴线竖立、天花板的灯饰与出气口的均匀布置，都体现了有序的美。

6. 均衡

均衡与对称基本相同，生活中从力的均衡上给人以稳定的视觉艺术，使人们获得视觉均衡的心理感受，在室内陈设选择中均衡是指在室内空间布局上，各种陈设的形、色、光、质保持等同的量与数，或近似的量与数，通过这种感觉保持一种安定状态时就产生了均衡的效果。

7. 对称

对称不同于均衡的是其产生了形式美，对称分为绝对对称和相对对称。上下左右对称，以及同形、同色、同质的绝对对称，和同形不同质、同形同质不同色等都称为相对对称。在室内陈设选择中经常采用对称，如家具的排列，墙面艺术品的排列，天花板的喷淋、空调口、灯饰等都常采用对称形式，使人们感受到有序、庄重、整齐、和谐之美。

8. 对比

两种不同的物体的对照称为对比，经过选择使其既对立又协调，既矛盾又统一，使其在强烈的反差中获得鲜明形象中的互补来满足效果。对比有明快、鲜明、活泼等特性，与和谐配合使用产生理想的装饰效果，在陈设选择中通过对比、材质、繁简、曲直、色彩、古今、中外突出陈设的个性，加深人们的美好形象。

9. 呼应

属于均衡的形式美，呼应包括相应对称、相对对称，在陈设的布局中，陈设之间和陈设与天花板、墙、地以及家具等相呼应达到一定的艺术效果。

10. 层次

要追求空间的层次感，如色彩从冷到暖，明度从暗到亮，造型从小到大、从方到圆、从高到低、从粗到细，质地从单一到多样、从虚到实等都可以形成富有层次的变化，通过层次变化，丰富陈设效果，但必须使用恰当的比例关系和适合环境的层次需求，采取适宜的层次处理会造成良好的观感。

11. 节奏

节奏基础是条理性和重复性，节奏具有情感需求的表现，在同一个单纯造型进行连续排列，到它所产生的排列效果往往形成一般化，但是加以变化适当地进行长短、粗细、直斜、色彩等方面的突变，对比组合产生有节奏的韵律和丰富的艺术效果。

12. 质感

陈设品的材质肌理体现物品的表面质感效果，陈设品肌理会让人们感觉到干湿、软硬、粗细、有纹无纹、有规律无规律、有光与无光，通过陈设的选择来适应建筑装饰环境的特定要求，提高整体效果。

二、室内陈设中的视觉与符号语言

（一）视觉符号

1. 视觉符号的功能

（1）认知功能和传达功能

符号能够负载信息、传递信息，是具有某种代表意义的重要标识，是意义的主要载体。它是人类在长期的生活实践中，逐渐产生的一种非语言传达而以视觉图形及文字传达信息的象征，以此为公众提供区别、辨认相关事物，起到示意、指示、识别、警告以及表达思想感情等作用。符号比语言更具视觉冲击力，拥有更大的信息量，而且可以更迅速、更准确、更强烈地传达信息。视觉符号是社会传播的媒介，不管作者有意无意，不管文化相同或相异，视觉符号总会表达一些东西，观者也会感受到一些东西，所以具有传播信息的功能。

（2）参与功能和服务功能

介入社会生活各个方面的视觉符号也会参与到构成社会生活当中，并以社会全体成员为服务对象和作用对象。一个视觉符号总是可以满足社会的一定需要，譬如说，它能够在一定程度上改造城市的视觉环境，提供新的社会交流空间，让人们在赏心悦目、心旷神怡之余重新认识不同社会文化之间的协调关系，心灵发出某种潜在的变化。

（3）折射功能和引导功能

一个视觉符号的诞生通常是社会现实的一种反映。视觉符号可以折射出社会发展的轨迹，影响社会发展。一定时期中社会上流行的风气和习惯，经常会成为影响视觉设计传播的一个重要因素。人们总是按照自己内心的知识经验结构，以一种定式的状态，解读面前的视觉符号，将内心世界的影子投射到对象上去。实际上，那些优秀的视觉符号设计会起到从知识、智力、技能、道德上，最终从生活方式上引导社会公众的作用。

2. 视觉符号的意义

所谓意义，即视觉符号所表征的、由人类赋予事物的认识或含义，并不仅意味人们对事物所蕴含的价值判断。从本质上来讲，意义体现了不同的人与社会、自然、他人、自己的种种复杂交错的文化关系、历史关系、心理关系以及实践关系。从视觉符号角度来说，意义是视觉符号不可或缺的所指，视觉符号是意义的物质载体，二者密不可分。就跨文化传播来说，意义就是不同文化背景的人们对事物符号化过程中赋予的精神内容，通过视觉符号的中介让人们的跨文化交流正常进行。

视觉符号是人类识别世界的一种象征物和中介，依据视觉符号工具意义的跨文化传播，人类能够组织生活和协调行动。人们需要不断制造视觉符号以适应变化、发展的社会。生活的复杂性能够反衬出视觉符号的局限性。视觉符号并不是意思、事物本身，而是一种文化的代码。视觉符号的形成与演变渗透着浓重的历史文化。为了有效进行跨文化传播，需要及时把握视觉符号得以形成的文化背景。

（二）视觉符号设计的原则

1. 准确性

视觉符号设计的要求是创造一个具有独特性的识别符号，最主要的特征就是追求言简意赅。对主题内容面面俱到，容易使得视觉语言元素复杂和烦琐，效果往往会适得其反。视觉符号设计的语言应当是高度概括的，但这种概括不应是意义的直白与浅显，而是一种经过浓缩，并用准确、明晰、贴切的视觉语言表述事物的本质特征。格式塔心理学的理论认为，人的视觉倾向于分解复杂物体，习惯于本质化的单纯和简化。由视觉传达的意义简化要求意义的结构体系与呈现这一意义的样式表现结构之间达到"同形性"，即简化是将丰富的意义与多样化的形式组织在一个统一结构当中。"同形性"概念是对图形符号设计形态视觉语言精练化的准确注解。在信息饱和的当代社会中，信息传播的准确性是很重要的。通过对事物的透彻分析与准确判断，找到事物的本质要点，精心提炼、准确领悟信息内涵，凝练出简洁与美的视觉语言，以最为合适、贴切的可视形象符号表达出设计的主体和意念要素。

2. 现代感

在文化融合过程中，现代感是一个重要前提，我们的现代设计应该体现时代特色，科学技术的发展，发明创造所带来的新观念、新材料、新媒体、新资讯、新方法、新技术、新语言等，都为现代设计注入了生命与新鲜活力。视觉符号作为视觉传达设计中的基本要素和信息传达的媒介，更应该与时代同步，体现其时效性。

中国传统视觉符号要获得新生，就要与当代新技术、新观念、新材料、新手段等有效结合，这是传统更新的必然途径。在传统图形色彩发展过程中，由于传统图案使用矿物质颜料，经过历史的尘埃，大都较为暗淡。当代绘制的图形颜料高级、新鲜持久，使得新的图形色彩俗丽，而且在表现技法上没有突破传统惯用的平涂、渲染法的局限，导致产生媚俗的色彩与保守、陈旧的印象。要让传统视觉图形呈现新时代的面貌，除了在外形上突出现代感，在色彩上也应该勇于放弃和突破，用现代的审美观面对传统视觉图形，使其色彩脱离原始的俗气、艳丽和陈旧感，结合信息时代的高科手段，创造新的表现形式，赋予图形更理想、符合时代精神的色彩表达，让古老的图形焕发新的面貌。

3. 地域性

人类文化同属于一个历史时期，由于地区不同，表现的文化特征也会有所不同，符号体系的秩序也不尽相同，在每一种文化里面，对于同一符号都具有不同的象征意蕴。设计符号是经验的翻译，是过去的某些形式以新的姿态所呈现的方式。具有地方历史文化色彩的设计创作，其形式语言的表达除了要符合美学逻辑，也应该突显形式背后的象征意义，而这些象征意义必须与当地的历史文化特性相联络，这样才能具体地显现地域人文内涵。

（三）视觉心理学对于室内陈设设计的意义

近些年来，人们越来越注重住宅内部空间陈设的品质。良好的室内陈设，不但会具有一些合理的功能，还拥有非常良好的视觉效果，而且视觉是人们获取外部信息的主要来源，75%～87%的外部信息都是通过视觉进行传递的，90%的人的行为通常也是由视觉引起的，所以对视觉效果的把握对营造良好的陈设设计具有非常强的推动作用。

确定建筑规划和建筑主体以后，在室内设计中首先需要根据建筑性质、功能要求进行深入的空间二次设计及界面装修设计，赋予空间形式美及文化品位，建构一个特定性格的完美空间，这是室内空间设计的重要方面，也可以说是主体。陈设艺术对于此空间来说是从属的，没有空间，陈设艺术也就无从谈及。但是，一个再高级再完美的空间，如果陈设品摆设不符合人的视觉规律，就不能产生全面而多功能的属性，人不能在其中停留，不能使用，也就没有价值、没有意义。

经过深入设计加工的美好空间搭配上美好的陈设，才可以满足人在功能与艺术上的全面需要，才可能形成美好的环境。视觉心理学依据形式解决形式和视觉的特殊关系，而住宅室内陈设以一定的视觉形式来体现出特定时期的、地域的、精神的文化观念，所以视觉心理学和陈设设计是互相联系且紧密结合的，对视觉心理学特征的把握也就成为陈设设计的关键。

（四）陈设品的视觉感知

陈设品的视觉感知强度具有易感知、不易感知以及一般感知之分。作为陈设品的布置应该注重了解陈设品视觉中的易感知强度因素。究其原因，通常由易感知强度因素能够推理不易感知因素和一般感知因素。陈设品的视觉易感知因素主要包括：奇特或新颖的陈设品易感知；运动或动感的陈设品易感知；形象易辨的陈设品易感知；形象具体的陈设品易感知；肌理明显的陈设品容易感知；造型细致的陈设品容易感知。在室内陈设品的布置中应该把感知度较强的陈设品放在需要强调的部位。

任何一件陈设品，能够体现出的感知因素均不是单一的，在同一件陈设品中或是易感知因素较多，或不易感知或一般感知因素较多。在室内陈设设计中应当适度调整陈设品视觉中的感知因素，以达到最合适的视觉感知强度。

（五）视觉语言基础下室内陈设设计中的搭配

在对视觉语言各视觉基本元素的应用当中，色彩搭配的具体实践是最为常见的。而且色彩搭配也通常是影响室内陈设设计所产生艺术美感的关键因素之一。

1. 色调配色法

此方法是最为传统的一种常见的配色方式，按照色彩的基本色调来实现色彩的和谐。目前较多的色彩运用一般遵循的色调规则可划分为冷暖色调、深浅色调以及灰色调等，已经形成了比较明确而且为大众所接受的色调规则。

2. 对比配色法

通过色彩的明度、灰度以及彩色程度形成一定的对比，采用这些色彩搭配可以实现室内陈设设计的一定空间张度与比例美，也可以突出室内陈设设计中一些空间韵律感。

3. 风格搭配法

（1）西方古典风格

西方古典风格主要指的是选择拥有欧美风格的陈设品进行室内风格的塑造。此种风格通常会选择巴洛克，或是洛可可风格的家具、灯具、寝具等陈设品进行室内装饰，呈现出尊贵、富丽的空间效果，成为拥有大量财富的人士推崇的装饰风格。此类空间还应当配合同样风格的装修，共同达到理想的氛围。

（2）新中式风格

新中式风格是选用具有中式古典风格的家具与装饰品进行室内空间的布置。虽然生活的模式是现代的，但是家具的形态色彩和摆放的位置依然具有中国传统文化的特点，而且一般会配以传统的青砖、白墙等界面装饰的形式，达到新时期传统文化的一种回归，成为当代文人追捧的形式，成为时尚流行的新风格。

（3）现代简约风格

陈设风格主要以功能主义为主，在室内不布置太多的物品，通常一件物品会具有多种功能。但是每件物品都是设计的精品，没有任何繁杂的装饰。室内的陈设大多是采取无彩色系的物品，摆放的位置也以非对称的方法进行陈设。

（4）混搭式风格

混搭式风格是现在人们对于古典风格的彻底遗弃，但是同时也会保有思想上的留恋，是一种矛盾关系的体现。而实际上，混搭风格是一种选取精华的心态的再现。人们把自己喜欢的风格中的经典饰品进行重新搭配，东西方文化进行冲撞、戏剧化的表现、和谐，反而会建构成一种新的氛围效果，令人欣喜，成为中产阶级最为喜爱的一种风格。

4. 形态配色法

形态配色法不但结合了色彩心理学的具体运用，还结合了色彩表现的韵律与节奏，能在空间上形成一定的美学形态，通过色彩构成来呈现出一类特定的变化，进而实现疏密变化、空间虚实、室内空间感的张弛等。其往往是通过整体的设计配合一定连续、起伏、交错或渐变的色彩布局，产生色彩视觉语言的艺术美感的表达。

三、室内陈设艺术

（一）陈设艺术的界定

陈设艺术主要指的是在室内设计的过程中，设计者根据环境特点、功能需求、审美要求、工艺特点等因素，精心设计出高舒适度、高艺术境界、高品位的理想环境的艺术。室内陈设一般能够划分为功能性陈设和装饰性陈设。

功能性陈设主要是指具有一定实用价值而且兼有观赏性的陈设，如家具、灯具、织物、器皿等。

家具是室内陈设艺术中的主要构成部分，它首先是以实用而存在的。随着时代的进步，家具在具有实用功能的前提下，其艺术性也越来越被人们所重视。从分类与构造上看，家具可以分为两类，一类是实用性家具，包括坐卧性家具、贮存性家具，如床、沙发、大衣柜等；另一类是观赏性家具，包括陈设架、屏风等。

灯具在室内陈设中起着照明的作用。从种类和型制来看，作为室内照明的灯具主要有吸顶灯、吊灯、地灯、嵌顶灯、台灯等。难以想象室内没有光线，人们将怎样生活。

目前织物已渗透到室内环境设计的各个方面，在现代室内设计环境中，织物使用的多少，已成为衡量室内环境装饰水平的重要标志之一。它包括窗帘、床罩、地毯等软性材料。

装饰性陈设指以装饰观赏为主的陈设，如雕塑、字画、纪念品、工艺品、植物等。

装饰植物引进室内环境中不仅能起到装饰的作品，还能给平常的室内环境带来自然的气氛。根据南北方气候的不同和植物的特性，可以在室内放置不同的植物。通过植物对空间占有、划分、暗示、联系、分隔，能化解不利因素。

室内陈设艺术不同于一般的装饰艺术，片面追求富丽堂皇的气派和毫无节制的排场；也不同于环境艺术，它强调科学性、技术性和学术性。室内陈设艺术是一门研究建筑内部和外部功能效益及艺术效果的学科，属于大众科学的范畴。

室内陈设艺术能够表达出一定思维、内涵和文化素养，能对塑造室内环境形象、表达室内气氛、环境的创新起到画龙点睛的作用。

（二）室内陈设艺术的价值

1. 加强室内空间环境的品位

如果缺少陈设作品比如艺术摆件的点缀，就会使得室内空间显得比较无趣、平淡无味，显得苍白无力。室内环境中的艺术陈设品就如同人类外表的服饰一般，能够装饰出不同的室内风格,同时也可以体现出用户的生活品位,通过科学的搭配陈设品能够消减消极因素的影响。

2. 塑造出多样的室内意境

理想的室内意境一般是多个因素综合引发的效果,而陈设艺术的协调是其中的重要因素之一。如果设计师能够巧妙使用家居陈设,不但可以起到烘托气氛、营造意境的重要作用,还可以提高室内空间的整体感,给用户整体意境愉悦的体验感。比如平易近人和谐的意境、稳重大气庄重的意境、文艺清新的意境。

意境在室内环境中可以集中体现出一些想法而且能够更好地强调主题。和氛围比较而言,意境不但能够被人们感觉到,同时也是精神的享受。不同的家居陈设,能够传达出不同的室内意境。多样的纺织摆设品、不同风格的家具可以呈现出用户不同的品位。如很多的大学图书馆大厅摆放着大型浮雕,使空间散发出一定的文化气息,对特定的空间起到了强调作用,进而更好地体现图书馆与其他空间之间的差异。

3. 创造出多样的室内风格

室内设计风格是多种多样的,主要包括古典风格、现代风格、中国风格、欧式风格等。室内环境布置恰当的陈设,能够加强艺术风格的发挥。由于陈设品本身的颜色、形状、图案、纹理等都具有一定的特殊性,使得很多的陈设品都更加具有操作性,设计师在使用的时候也会更加得心应手。古典装饰风格通常具有奢华而且繁复的特点。比如,以巴洛克和洛可可风格的家具摆设为主体的,随着墙纸、窗帘、地毯等装饰面料不断创新,设计出多样典雅高贵而流畅的线条,凸显出古典风格的含蓄之美。在现代风格的室内空间里,对家具及其他陈设物品相应做出改变就能营造出来不同的风格。比如,组合家具、具有工业感觉的沙发,以及广泛使用大量的不锈钢、铝、玻璃等,进而使得空间里的线、纹理、光线等进行新的对话,创造出更加现代的室内空间。

4. 陶冶用户的个人情操

每个人都拥有自己的艺术创造特色,把一些手工艺作品放置到房间里,能够直接呈现出不同风格的特点。比如在书房里所使用的中式书桌书柜、带有雕刻艺术的博古架、悬挂中国书画。这些陈设可以反映出特有的一种文化,让人们在这里享受生活的乐趣，能够进一步刺激使用者的求知欲。我们可以看到很多艺术家在自己的内部空间中陈设很多自己的设计和制作，这不但能够发挥自己的优势，也使得观看者能够学习到书本以外的知识，进而提升人们的艺术欣赏能力和生活乐趣。

（三）室内陈设艺术的设计范围

1. 私人生活空间

私人生活空间环境一般指家庭生活起居空间。社会就如同一个大家庭，每个小家庭都是其中的一员，而每个小家庭都会拥有不同的生活需求，不管是独户住宅、别墅，还是普通住宅楼，生活方式都有所差异。这种特殊的使用性质，使得住宅室内陈设艺术设计成为一种专门性的设计领域。其一般是按照住宅周围的环境设施，或者使用者的文化背景、职业特点、性格喜好等的不同点，进行不同主题的陈设设计，进而实现陈设艺术设计的"个性"表达。

2. 公共空间

公共空间环境室内陈设艺术设计，并不是一种绝对的公共空间，其所蕴含的设计范围较为模糊，建筑物所形成的空间范围都可以说是公共空间，我们生活起居的室内空间除外。

公共空间环境与居住空间有所不同，所以，要满足公共的特殊使用需要，必须遵循不同的设计原则，这样才能够呈现出完美的形式，创造出有特点的公共空间环境氛围。

3. 实用性陈设

实用性陈设是室内陈设艺术的基本出发点，包含了基本的生活必需品的设计，这些物品不但具有实际使用功能，同时还决定了室内陈设物质层面的质量，比如家具、餐具、电器、沙发等。实用性陈设品在室内空间中的存在，创设了一种满足人们实际使用与精神审美需求的空间生活氛围，同时还大大提升了空间的质量，丰富了空间的层次，使其变得更加合理、优美、舒适，调节了空间的时间节奏。

4. 装饰性陈设

装饰性陈设是室内陈设艺术设计的精神升华，主要是设计欣赏装饰需求为主的艺术品，根据使用者的不同喜好，可以摆放工艺品、收藏品、纪念品等陈设物。这些艺术品基本上都具有较为强烈的美化效果，自身包括浓厚的艺术品位、富裕的精神内涵以及特殊的纪念价值，这些主要是为了增加空间的人文气氛，陶冶情操，创造雅致的空间环境。

除了实用性陈设与装饰性陈设之外，有些室内陈设品也会具有实用和欣赏的双重价值。陈设艺术在空间设计中就是一种调和剂，需要各种构成要素共同存在，就是在这种多学科设计融合的状态之下才能够体现出陈设艺术的价值，同时也是陈设艺术在空间当中四维属性的一种重要体现。

室内空间环境的整体风格表现，虽然说与空间的环境具有很大的关系，但关键点仍然在于陈设艺术的品质，从整体空间环境入手，加强对陈设艺术的设计理念揣摩，能确保空间的统一协调与陈设品的连续性。

可以说陈设品的风格和品位既会以主体元素存在，也可以作为点缀元素存在。千姿百态的造型，五彩缤纷的色彩，均是陈设艺术所特有的性质特点，它们共同创造了空间的灵动感，使得空间环境如同音符一样生动活泼起来，形成了空间独特的节奏感。

不同的空间格局，不同的使用者，都能够创设出不同的空间格调，表现在陈设艺术上就是通过陈设品设计出空间的特色与主题。空间就如同一曲音乐，陈设艺术就是音符，空间感的变化就是跳跃的音符，或庄重华美，或柔和淡雅，或鲜亮活泼，或热烈欢快。

在室内空间陈设艺术的运用方面，应该按照实际使用情况进行陈设品的基调与风格的选择确定，不能一味地为了丰富空间环境，而过多地使用风格不同的陈设品，这将会使室内空间环境变得杂乱无章。要进行整体的控制和把握，在考虑好风格协调的基础上，进行适当的点缀，恰似万绿丛中的那一点红。

（四）室内陈设艺术的基本设计原则

1. 满足使用功能的要求

室内陈设艺术同绘画、雕塑等艺术种类之间具有一定的差异，是一种以发展机能诉求和功能性作为基础的空间功效形态，所以其中占第一位的应该是能够满足使用上的基本需求，要充分考虑人机工程因素和人的活动规律，使陈设环境与陈设品造型适合于使用者的生理和心理等机能要求，做到便利、舒适、安全、健康。这是室内陈设艺术创作的一个重要前提。

2. 满足视觉和精神功能要求

设计就是一种把创意构思"通过视觉的方式传达出来的活动过程"，室内陈设艺术在满足使用功能的基础之上，还应该考虑陈设品的造型、色彩等因素在使用者视觉当中的效果，眼睛所见的现象能够引起生理与心理的反馈，进而影响最终的审美情绪和精神意境的塑造。尤其是意境塑造，其不能够仅仅局限于对自然形象的单纯浅层次描绘，还应该充分表达出背后蕴藏着的深层含义，这是中国传统艺术的重要特质。

3. 体现美学形式原则

设计创意总是通过具体的形式表现出来的，室内陈设艺术创作应当遵循基本的美学法则，比如统一与变化、均衡和对称、节奏与韵律等。

4. 符合地域风格

不同的国家处于不同的地理位置当中，拥有各自的气候条件、生活习惯以及语言文化传统，就算在同一个国家内部，也通常会具有地域所造成的差异，就如同我国南方和北方、东部和西部在建筑与室内设计风格上都具有非常明显的不同。室内陈设艺术创作必须具体对待特定环境中的诸多因素，要塑造特定之意和特色之美。

5. 满足生态意识原则

伴随着时代的发展，自20世纪80年代绿色思想和生态设计兴起以后，陈设艺术在创作过程中越发注重遵循生态保护的意识，注重人与环境的柔和关系，注重"人情味"，多采用节能环保材料和低污染施工技术，这是可持续发展的必要原则。

四、室内陈设方法与设计

（一）室内陈设设计在室内设计中的任务

1. 烘托室内气氛，创造空间意境

气氛即内部空间环境给人的总体印象。比如欢快热烈的喜庆气氛，亲切随和的轻松气氛，深沉凝重的庄严气氛，高雅清新的文化艺术气氛等。

而意境则是内部环境所要集中体现的某种思想和主题。与气氛相比，意境不仅能被人感受，还能引人联想，给人启迪，是一种精神世界的享受。空间意境好比人读了一首好诗，会随着作者走进他笔下的某种意境。

2. 创造二次空间，丰富空间层次

由墙面、地面、顶面围合的空间称为一次空间，由于它们的特性，一般情况下很难改变其形状，除非进行改建。而利用室内陈设物分隔空间会事半功倍，我们把这种在一次空间中划分出的可变空间称为二次空间。在室内设计中利用家具、地毯、绿化、水体等陈设创造出的二次空间不仅能使空间的使用功能更趋合理，更能为人所用，使室内空间更富层次感。

3. 强化室内环境的风格

陈设设计的历史是人类文化发展的缩影，陈设设计反映了人们由原始到文明，由茹毛饮血到现代化的生活方式。在漫长的历史进程中，不同时期的文化赋予了陈设设计不同的内容，也造就了陈设设计的多姿多彩的艺术特性。

室内空间有不同的风格，如古典风格、现代风格、中国传统风格、乡村风格，有朴素大方的格调、豪华富丽的格调，陈设品的合理选择对室内环境风格起着强化的作用。因为陈设品本身的造型、色彩、图案、质感均具有一定的风格特征，所以，它会进一步加强室内环境的风格。

4. 柔化空间，调节环境氛围

现代科技的发展，城市钢筋混凝土建筑群的耸立，大片的玻璃幕墙，光滑的金属材料的使用，凡此种种构成了冷硬、沉闷的空间，使人愈发不能喘息。快节奏的都市生活，使人们企盼着悠闲的自然境界，强烈地寻求个性的舒展。因此植物、织物、家具等陈设品的介入，无疑会使生活空间充满柔和与生机。

人们越来越重视设计"以人为本"，注重与自然相结合。植物作为自然的一部分，被大量地运用到室内空间中。室内的绿化不仅能改善室内环境、气候，同时也是设计师用来柔化空间，增添空间情趣的一种手段。

织物一般质地柔软，手感舒适，易于产生温暖感，使人亲近。天然纤维棉、毛、麻、丝等织物来源于自然，易于创造富于"人情味"的自然空间，从而缓和室内空间的生硬感，起到柔化空间的作用。

室内环境的色彩是室内环境设计的灵魂，室内环境色彩对室内的空间感知度、舒适度、环境气氛、使用效率，对人的心理和生理均有很大的影响。在一个固定的环境中最先闯进我们视觉感官的是色彩，而最具有感染力的也是色彩。不同的色彩可以引起不同的心理感受，好的色彩环境就是这些感觉的理想组合。人们从和谐悦目的色彩中产生美的遐想，化境为情，大大超越了室内的局限。

陈设物的色彩往往是室内空间的点睛之笔。室内色彩的处理，一般应进行总体控制与把握，即室内空间六个界面的色彩应统一协调，但过分统一又会使空间显得呆板、乏味，陈设物的运用，点缀了空间，丰富了色彩。陈设品千姿百态的造型和丰富的色彩赋予室内以生命力，使环境生动活泼起来。需要注意的是，切忌为了丰富色彩而选用过多的点缀色，这将使室内显得凌乱。应充分考虑在总体环境色协调的前提下适当点缀，以便起到调节环境氛围的作用。

5.陶冶个人情操

格调高雅、造型优美，具有一定文化内涵的室内陈设使人怡情悦目，陶冶情操，陈设品的合理使用会超越其本身的美学界限而赋予室内空间以精神价值。如在传统中式书房中摆设根雕、中国画、工艺造型品、古典书籍、古色古香的书案书柜等，营造出浓厚的文化氛围，使人们在此学习感到舒服，进一步激发人们的求知欲。我们可以看到很多艺术工作者在自己的室内空间里放置既有装饰性又有很高艺术性的陈设品，这些陈设品有很多是他们自己设计并制作的，在制作的过程中，不仅发挥了自己的特长，美化了环境，还使人们从中寻找灵感，提高艺术鉴赏能力，增添了生活的情趣。

（二）陈设设计的原则

1. 整体性原则

室内陈设设计是一门相对独立的设计艺术，又同时依附于室内环境的整体设计。陈设设计师个人意志的体现、个人风格的突出、个人创新的追求固然重要，但更重要的是将设计的艺术完美性和实用舒适性相融合，将创意构思的独特性和室内环境的风格相融合。这也是室内设计整体性原则的根本要求。

2. 形式美原则

室内陈设的目标之一，就是根据人们对于居住、工作、学习、交往、休闲、娱乐等行为和生活方式的要求，不仅在物质层面上满足其使用及舒适度的要求，还要求更大程度地与形式美的要求相吻合，这就是室内装饰设计的形式美要求。

形式美的原则包括节奏与韵律、比例与尺度、对称与均衡、变化与统一等。形式美的原则是现代艺术必备的基础理论知识，它是现代艺术审美活动中最重要的法则。

3. 时代性原则

室内陈设设计包含着对建筑及室内设计文化的时代性、发展性内涵的追求。在室内环境中如何体现富于时代特征的新语言、新变化，如何将新的、充满活力的新形式、新工艺、新设计语言成功地融合到基础性、传统性的设计语言中是室内陈设设计时代性原则的要求。

4. 文化性原则

室内陈设设计有着深刻的历史文化渊源，它体现了人的基本生活态度、丰富多彩的生活行为以及对文化的追求。因此，设计师在进行陈设设计时，必须考虑生活中的文化创造，考虑室内设计与文化的关系，这可称之为室内陈设设计的文化性原则。需要指出的是，人们的生活行为是连续的，不会轻易因外部环境的改变而改变。因此，要注意研究生活文化的内涵与文脉，掌握其发展与运动的规律，才能找到为人们的生活文化心理所接受的创意点，从而进行陈设设计。

5.创新原则

室内陈设设计是一种艺术创造。如同其他艺术活动一样，创新是室内设计活动的灵魂。这种创新不同于一般艺术创新的特点在于，它只有将委托设计方的意图与设计者的艺术追求，以及室内空间创造的意图完美地统一起来，才是真正具有价值的创新。可见，这种创新的自由是相对的，是在一定条件限制下的创新。

6.生态性原则

尊重自然、关注环境、生态优化是生态环境原则的最基本内涵。室内环境的营造及运行与社会经济、自然生态、环境保护统一发展，使建筑室内环境融合到地域的生态平衡系统之中，使人与自然能够自由、健康地协调发展是生态环境原则的核心。室内陈设设计应遵循这一原则，使室内环境的营造及运行与社会经济、自然生态、环境保护统一发展，使人与自然能够自由、健康地协调发展。这是生态环境原则的核心。

7.以人为本的原则

室内陈设设计的目的，简单地说就是更加完善地为人们营造符合特定需求的生活和工作的室内环境。陈设设计应给予使用者以足够的关心，认真研究与人的心理特征和人的行为相适应的室内环境特点及其设计手法，以满足人们生理、心理等各方面的需求。以人为本是室内陈设设计的出发点和归宿。

（三）室内陈设设计步骤

室内与陈设设计是一项复杂而系统的工作，通过规范的设计步骤保证设计质量和价值。设计步骤包括设计准备、方案分析、设计构思、方案设计、设计设施、用后评价和维护管理六个阶段。

1.设计准备阶段

主要的工作是收集信息、现场勘测，与客户建立联系，确定设计计划。若属委托设计则须签订设计合同。

2.方案分析阶段

找出与设计主题相关联的所有问题，分析和把握问题的构成，并按其范围分类，寻找解决问题的可能途径。具体又分为实地现状分析和资料分析。

（1）实地现状分析

通过文字、图表、草图等设计表达手段，忠实地记录、描绘设计现场的客观状况，掌握第一手材料，包括地形、位置、建筑结构、使用功能、使用对象、自然景观、气候、日照等。

（2）资料分析

配合设计现状的调查分析，组织收集相似案例的资料，加以研究、整理，得到有用的参考和借鉴，并针对使用者的要求进行归纳和总结，以研究限定设计中的文化背景、审美趋向。

3.设计构思阶段

在设计分析的基础上，充分发挥设计师的创造力和想象力，对分析阶段提出的问题给出解决方法，给出设计的框架和方向，制订初步的构思方案。为设计的深入创造充分的发挥空间，通过大量的概念性草图明确设计的最终意图。方案应越多越好，以对正式方案的形成留有余地。

4.方案设计阶段

与业主就方案进行深入交流和沟通，结合分析阶段的设计限定因素，对概念草图阶段明确地设计切入点，如形式、结构、色彩、材料、功能、风格、经济投入等给出多个方案。通过方案的对比选优，从多个构思方案中选出最佳方案。按最佳方案的设计结果给出正确的比例尺寸关系、材料选用等关键要素。通过一系列手绘的透视图、平面图、立面图将设计意图明确表达出来，这是设计过程中最重要的内容，所有的设计结果将在这里呈现。因此，坚实有力的设计表现能力是此阶段顺利进行的保证，也决定了设计的成败，必要时还须编制施工预算。

5.设计实施阶段

与施工单位进行施工交底与协调，施工过程中进行必要的调整与变更，参与竣工验收。

6.用后评价和维护管理阶段

对交付使用工程进行用后评价调查满意度，归纳总结，维护管理。

第三节 无障碍设计

一、无障碍设计理念

　　无障碍设计是一种独特的设计，在当代社会，其在室内装修设计中反复被使用，这也从侧面说明了无障碍设计在公共空间环境中有着举足轻重的地位。随着经济的发展和社会的进步，无障碍设计从最初的为残疾人群提供服务，为他们提供良好的生活和生存条件，逐步演化为从人类的心理感受出发，真正为社会各类人群提供更便捷的设计，从而保障所有人都能够真切地享受到来自社会的关怀和关爱。无障碍设计在现代设计史上具有里程碑的意义，它的出现为现代家居设计带来了新的生机，为超现实主义的结构化设计融入了新的精神涵养。在现代生活日新月异的今天，无障碍设计成为一项不可或缺的存在，对于许多残障人士来说，无障碍设计成为他们生活的必需品，成为他们精神生活的伴侣。我们无法否认的是，无障碍设计的出现真切地为残障人士的生活带来了翻天覆地的变化，使他们在艰难的生活中，感受到由无障碍设计所带来的真切情谊。对于残疾人、行动不便者以及特定情况下行为模式受阻者来说，无障碍设计为他们的生活提供了便利，能够从根本上解决他们的不便，这也是当代家居、环境设计的一大进步。

　　对于无障碍设计而言，它也要遵循一定的设计原则。首先，无障碍设计最主要的设计原则是安全性。对于使用无障碍设计的各个人群来说，安全性既保障了他们的使用安全，又给予其精神上的慰藉。在无障碍设计的适用人群中，最重要的一类群体便是残障人群，安全性是他们最关心的一点，这也是无障碍设计初创时的初衷。其次，无障碍设计还需要遵循一定的标准化与系统化。例如，在无障碍厕所的设计中，需要安装 3 ～ 4cm 的安全扶手以及 45cm 的座便器，这也是保障使用者能够便捷、安全使用的基础性因素。除此之外，每一个不同的无障碍设计都有着独特的设计标准，这个标准是无法打破的，任何有效的设计都要建立在合理合规的规范之上。最后，无障碍设计还要具有通用化和人性化。

无障碍设计的出现即代表着为特殊人群着想的特殊性的体现。对于特殊人群而言，我们不能无视他们的特殊需求，即使是特殊人群，他们对无障碍设计的需求也是多种多样的，无论如何，都无法使用同一个无障碍设计来满足所有人的需求。因此，对于现代的无障碍设计而言，我们不能仅仅希望通过一项设计做到一劳永逸，即使是同一种事物的设计，也需要各种不同类型不同种类的无障碍设计来满足当今社会各种不同年龄、不同性别、不同特殊需求的人群对各种设施的需求。对于不同的无障碍设计的适用人群，要特殊问题特殊分析，在满足特定的设计标准的同时，要因人而异，做出既符合标准又满足个人特定需求的设计。

二、通用设计的发展现状

通用设计是一种尽最大可能为所有的受众实现方便、快捷、安全的一种设计。对于所有的通用设计使用者而言，通用设计的核心在于为所有的使用者提供满意的服务。对于目前市场上的通用设计而言，基本上满足了对残障人士、老人和小孩的基本使用需求，这也就意味着通用设计给上述人群带来了相对满意的生活。但是，这对于一般的普通用户而言并没有达到理想的状态。对于通用设计而言，通用设计的初衷在于为所有的使用者服务，而不仅仅是特殊人群。正是基于这一点，通用设计在其发展的历程中，一直向该理念靠拢，希望考量所有使用者的使用环境、心理需求，从而做到一个相对完善的设计。"以人为本"是通用设计理念一直坚守的信条。目前市场上的设计师在进行通用设计创作时，虽然考虑到普罗大众的需求，但是更加侧重于特殊群体的需求。从短期目标来看，市面上大多数通用设计是满足了目前市场的期望值的，但是如果我们把目光放长远，这就意味现在的创作理念只顾及了特殊人群的需求和利益，而放弃了大多数普通人的市场。例如，如果普通人群的使用者在一些特殊的环境下受伤、负重时，其也就成为通用设计的需求者和受益者，这也是通用设计的设计理念一直强调的核心思想。

三、无障碍设计与通用设计的关系

无障碍设计与通用设计之间具有一种相辅相成的特殊关系，正如我们所知，无障碍设计是通用设计的基础。所以，无障碍设计和通用设计之间既有联系又相互区别。随着社会的发展，无障碍设计和通用设计都顺应了时代的发展潮流。从其两者的设计中可以看出，无障碍设计和通用设计都透漏出一种人文关怀的设计精神，这两者的设计理念皆能够为所有需要帮助的人提供方便、安全的设计进行生活。无障碍设计作为通用设计的一个基础，通用设计是建立在无障碍设计的基础之上得来的，是其升级换代的高级设计。然而，无障碍设计与通用设计之间又存在广泛的区别。

对于两种设计者来说，无障碍设计主要是面对残障人士、老人、小孩等特殊群体，为了方便他们的生活和工作等，而通用设计面对的对象更广泛，其面向社会各类群体，从而表达的设计思维方式也更加全面。无障碍设计的应用领域主要包括设施的无障碍与环境的无障碍，其中无障碍设计主要面向室内、室外的公共建筑以及公建配套设施。相对而言，通用设计除了包含无障碍设计的应用领域范畴之外，还广泛地包含了诸多的产品设计，方便了人们的生活，也推动了社会的进步。

四、由无障碍设计向通用设计发展的趋势

通用设计是一种更加包容的无障碍设计。随着社会的进步，通用设计在无障碍设计的基础上正在逐步向更加潮流的趋势发展。首先，通用设计在加强更加基础的研究，无论是需求方法的研究，还是用户的文化和心理研究，通用设计在无障碍设计的基础上，通过加强基础建设的研究，力求从根源上为更加广泛的使用受众提供更加便捷、安全的设计。其次，在目前的建筑设计中，无障碍设计已经无法单纯地满足使用者的需求。随着物质生活的逐渐提高，人们对生活质量的要求也越来越高，在传统的建筑设计中，无障碍设计需要更加适应潮流，更加向社会驱动的方向去发展，这也就要求基于无障碍设计理念的通用设计担负起责任，去为更加广阔的市场创造新的生机。最后，无障碍设计在实际的实施应用过程中，暴露出了越来越多的问题。随着无障碍设计越来越被人们所关注，更多的人开始对设计行业做出思考，考虑未来设计出现的多种形式，也考虑现代设计能够做出哪些突破来打破瓶颈，从而引发了设计界对于基于无障碍设计理念下通用设计的思考。

我们可以想象，在通用设计越来越迎合当代人的需求时，作为基础的无障碍设计成为一项不可多得的设计理念。然而，放眼当代市场，能够将该想法付诸实践的设计非常有限，这也为基于无障碍设计理念的通用设计提供了非常广阔的市场。最后，在通用设计中，更加注重无障碍环境的系统性特征，相较于不同的设计场景，在未来的通用设计之中，需要更加充分地融入无障碍设计理念，既要明确建设的要求，又要对不同场景的特殊性进行创新化、实例化。除此之外，还要推动无障碍人文环境的建设，使得通用设计在未来的发展中得到更加肥沃的发展土壤。

无论是无障碍设计还是通用设计，其根本的理念皆在于给使用者提供更便捷、安全的服务体验，虽然在现代的诸多设计中已经得到了长足的运用，但在未来仍有较大的发展空间。对于当代社会而言，随着物质生活越来越丰富，这也为我们的生活需求带来了更大的胃口，我们需要无障碍设计与通用设计相结合的产物，它真正能够为我们的生活带来不一样的感受。在使用基于无障碍设计理念的通用设计时，我们不难发现，它更适合更多的人群，因人而异，为更多的不同类型的残障人群带来了生活的便捷，也从心理上让他们感受到被重视的感觉，进而能够在困境中追寻美好，生活得更加顺心。

作为设计师，在进行通用设计的同时，都需要立足于无障碍设计理念，努力满足所有使用者的需求。随着当今社会设计行业日新月异的发展，为基于无障碍设计理念的通用设计提供了广阔的发展空间，各种各样的设计将会如雨后春笋般出现，成为未来设计行业新的发展趋势。在现代社会快速发展的今天，"以人为本"不只是一个简单的口号，更多的是要在通用设计中做到长足的发展，真正的做到推动社会物质文明与精神文明建设的发展。通过一代又一代设计师的努力，相信在不远的未来，基于无障碍设计理念的通用设计会具有更加深远地影响。

参考文献

[1] 胡曦．公共空间室内设计 [M]．合肥：安徽美术出版社，2018.01．

[2] 陈玲芳，胡兵．新中式室内设计 [M]．北京：北京工业大学出版社，2018.06．

[3] 吴卫光．室内设计简史 [M]．上海：上海人民美术出版社，2018.01．

[4] 李斌．室内设计教程 [M]．石家庄：河北美术出版社，2018.12．

[5] 冯宪伟，李远林，蔡建华．中外室内设计史 [M]．镇江：江苏大学出版社，2018.03．

[6] 罗晓良．室内设计实训 [M]．重庆：重庆大学出版社，2018.08．

[7] 周健，马松影，卓娜．室内设计初步 [M]．北京：机械工业出版社，2018.06．

[8] 曾志浩，邱悦，鲍雯婷．室内设计与人体工程学 [M]．石家庄：河北美术出版社，2018.01．

[9] 任文东，刘歆．室内设计手绘表现分析 [M]．沈阳：辽宁人民出版社，2018.04．

[10] 孙晨霞．现代室内设计语言研究 [M]．北京：中国纺织出版社，2018.10．

[11] 陈明明，王大为，王丽丽．室内设计原理及教学实践应用 [M]．长春：吉林大学出版社，2018.09．

[12] 俞兆江．空间与环境室内设计的方法与实施 [M]．成都：电子科技大学出版社，2018.04．

[13] 周延．室内设计风格样式与专题实践 [M]．北京：中国书籍出版社，2018.05．

[14] 张铸．室内设计色彩搭配图解手册 [M]．北京：中国轻工业出版社，2018.09．

[15] 王美达. 室内设计手绘效果图精解 [M]. 武汉：湖北美术出版社，2018.07.

[16] 岳蒙，林青，何景. 软装设计必修课室内设计、家居设计 [M]. 沈阳：辽宁科学技术出版社，2018.11.

[17] 苏丹. 生态视野下室内设计与空间艺术设计研究 [M]. 北京：北京工业大学出版社，2018.08.

[18] 朱丽，檀文迪，鲍培瑜. 室内装修完全图解案例 [M]. 北京：中国青年出版社，2019.03.

[19] 唐维升，冉涛，马燕妮. 室内空间形态与装修设计实战 [M]. 成都：四川大学出版社，2019.08.

[20] 陈雪杰，余斌，杜志伟. 室内装饰装修施工 [M]. 北京：中国电力出版社，2019.01.

[21] 崔郁. 装修知识经典汇编 [M]. 北京：中国纺织出版社，2019.06.

[22] 侯立安. 看不见的室内空气污染 [M]. 北京：中国建材工业出版社，2019.06.

[23] 曹航. 生态视角下的室内设计策略新论 [M]. 长春：吉林美术出版社，2019.01.

[24] 刘东文. 现代室内设计与装饰艺术研究 [M]. 哈尔滨：黑龙江科学技术出版社，2019.12.

[25] 李国生. 室内设计制图与透视习题集 [M]. 广州：华南理工大学出版社，2019.08.

[26] 唐维升，马燕妮. 室内空间形态与装修设计实战第 2 版 [M]. 成都：四川大学出版社，2020.09.